现代传感器技术及实际应用

刘任露　赵近梅　著

陕西新华出版传媒集团
陕西科学技术出版社
——西安——

图书在版编目（CIP）数据

现代传感器技术及实际应用 / 刘任露，赵近梅著
. -- 西安 : 陕西科学技术出版社，2022.6
ISBN 978-7-5369-8416-5

Ⅰ. ①现… Ⅱ. ①刘… ②赵… Ⅲ. ①传感器 Ⅳ.
①TP212

中国版本图书馆 CIP 数据核字（2022）第 058187 号

现代传感器技术及实际应用
（刘任露　赵近梅　著）

责任编辑　郭　勇　李　栋
封面设计　林忠平

出 版 者　陕西新华出版传媒集团　陕西科学技术出版社
西安市曲江新区登高路 1388 号陕西新华出版传媒产业大厦 B 座
电话（029）81205187　传真（029）81205155　邮编　710061
http://www.snstp.com
发 行 者　陕西新华出版传媒集团　陕西科学技术出版社
电话（029）81205180　81206809
印　　刷　陕西隆昌印刷有限公司
规　　格　787mm×1092mm　16 开
印　　张　12
字　　数　249 千字
版　　次　2022 年 6 月第 1 版
印　　次　2022 年 6 月第 1 次印刷
书　　号　ISBN 978-7-5369-8416-5
定　　价　74.00 元

前　言

自 18 世纪产业革命以来，特别是 20 世纪开始的信息革命后，传感器已成为人类准确、可靠地获取自然和生产领域相关信息的主要工具。广义地说，传感器是指将被测量转化为可感知或定量认识的信号的仪器。从狭义方面讲，传感器是感受被测量，并按一定规律将其转化为同种或别种性质的输出信号的装置。传感器一般由敏感元件、转换元件、测量电路和辅助电源 4 部分组成，其中敏感元件和转换元件可能合二为一，而有的传感器不需要辅助电源。人类社会已进入信息时代，无论是现代化大生产、科学研究，还是人们的日常生活、医疗保健、所处环境，无不包含着大量的有用信息。正像物质和能源是人类生存和发展所必需的资源一样，信息也是一种不可缺少的资源。在信息时代，人们的社会活动主要依靠对信息资源的开发和利用，而信息资源的开发和利用则有赖于信息技术。

传感器的作用包括信息收集（如计量测试、状态监测）、信息交换（如读/写磁盘和光盘数据）和控制信息采集（如在各种自动控制系统中读取反馈信息）。其中，测量是传感器的基本作用，也是应用传感器的目的。传感器在很大程度上影响和决定了系统的功能。以自动化系统为例，首先要检测到信息，然后才能进行自动控制。如果传感器不能获取信息，或者所获的信息不确切，那么要显示这些信息并对其进行处理就十分困难，甚至会失去意义。如果没有感受信息的传感器，计算机就得不到任何信号，计算机的各种功能也就无法发挥。因此，传感器关系到一个测控系统的成败。

对比传感器技术的发展历史与研究现状，可以看出，随着科学技术的迅猛发展以及相关条件的日趋成熟，传感器技术逐渐受到了更多人的重视。当今传感器技术的研究与发展，特别是基于光电通信和生物学原理的新型传感器技术的发展，已成为推动国家乃至世界信息化产业进步的重要标志与动力。同时，根据对国内外传感器技术的研究现状分析以及对传感器各性能参数的理想化要求，现代传感器技术的发展趋势可以从 4 个方面分析与概括：一是开发新材料的开发与应用；二是实现传感器的集成化、多功能化及智能化；三是实现传感技术硬件系统与元器件的微小型化；四是通过传感器与其他学科的交叉整合，实现无线网络化。

本书的章节布局，共分为 8 章。第一章为绪论，本章主要介绍了传感器的地位和作用、相关概念、一般构成，以及特点与发展趋势；第二章对传感器的性能与标定做了相对详尽的介绍，介绍了传感器的特性概述、误差、静态和动态特性以及标定；第三章介绍了固态图像传感器及应用，包括固态图像传感器与快门方式的工作原理与特性和卷帘式快门的应用研究；第四章是超声波传感器及应用，本章主要介绍了超声波传感器检测原理、类型，以及主要参数、应用举例；第五章是集成传感器和微传感器，本章节主要阐释了传感器的集成化、机械量传感器以及热和红外辐射量微传感器；第六章对智能传感器技术与网络化及接口做了相对详尽的介绍，本章主要对智能传感器概述、选用原则、实现方法和技术以及网络化智能传感器和接口标准进行介绍；第七章是传感器在物联网中的应用，重点介绍了物联网典型应用中的传感器及其应用概况和传感器节点典型解决方案举例；第八章是多传感器在移动机器人中的应用，主要介绍多传感器在移动机器人中的应用概述以及多传感器数据融合在移动机器人导航、测距和避障中的应用。

本书在撰写过程中，参考、借鉴了大量著作与部分学者的理论研究成果，在此表示感谢。加之行文仓促，书中难免存在疏漏与不足之处，望各位专家学者与广大读者批评指正，以使本书更加完善。

内容简介

传感技术作为信息的源头技术是现代信息技术的三大支柱之一，以传感器为核心逐渐外延，与物理学、测量学、电子学、光学、机械学、等多门学科密切相关，是一门对高新技术极度敏感，由多种技术相互渗透、相互结合而形成的新技术密集型工程技术学科，是现代科学技术发展的基础。传感器产业也是国内外公认的具有发展前途的高技术产业，以技术含量高、经济效益好、渗透能力强、市场前景广等特点为世人瞩目。本文主要介绍现代传感器技术，比如现代传感器技术的概述、性能以及类型等，同时还介绍了传感器的实际应用如多传感器在移动机器人中的应用等。

目 录

第一章 绪论……………………………………………………………………1

第一节 传感器的地位和作用……………………………………………1

第二节 传感器的相关概念………………………………………………2

第三节 传感器的一般构成………………………………………………6

第四节 传感器技术的特点与发展趋势…………………………………11

第二章 传感器的性能与标定…………………………………………14

第一节 传感器的特性概述………………………………………………14

第二节 传感器的误差……………………………………………………15

第三节 传感器的静态特性………………………………………………17

第四节 传感器的动态特性………………………………………………23

第五节 传感器的标定……………………………………………………30

第三章 固态图像传感器及应用………………………………………35

第一节 固态图像传感器与快门方式的工作原理与特性 ………………35

第二节 卷帘式快门的应用研究…………………………………………43

第四章 超声波传感器及应用…………………………………………51

第一节 超声波检测原理…………………………………………………51

第二节 超声波传感器……………………………………………………53

第三节 超声波探头电路…………………………………………………57

第四节 超声波传感器的主要参数………………………………………59

第五节 超声波传感器的应用举例………………………………………59

第五章　集成传感器和微传感器 …… 66
第一节　传感器的集成化 …… 66
第二节　机械量传感器 …… 75
第三节　热和红外辐射量微传感器 …… 94

第六章　智能传感器技术与网络化及接口 …… 101
第一节　智能传感器概述 …… 101
第二节　基本传感器的选用原则 …… 103
第三节　智能化的实现方法和技术 …… 104
第四节　网络化智能传感器及接口标准 …… 113

第七章　传感器在物联网中的应用 …… 122
第一节　物联网典型应用中的传感器及其应用概况 …… 122
第二节　传感器节点典型解决方案举例 …… 132

第八章　多传感器在移动机器人中的应用 …… 156
第一节　概述 …… 156
第二节　多传感器数据融合在移动机器人导航中的应用 …… 157
第三节　多传感器数据融合在移动机器人测距中的应用 …… 161
第四节　多传感器数据融合在移动机器人避障中的应用 …… 177

参考文献 …… 181

第一章　绪论

第一节　传感器的地位和作用

人类通过视觉、听觉、嗅觉、味觉、触觉这5种感觉器官来直接获取外界信息，并通过神经将载有外界信息的信号传递给大脑进行分析、综合和判断，从而感知外界事物与信息，并做出相应反应。人类感知外部世界的五官是一种特殊的传感器。在古代，人们观天象而事农耕、察火色而冶铜铁，依靠的就是的五官。随着科学技术的发展和人类社会的进步，人类在认识和改造自然的过程中意识到仅靠自身天然的感觉器官还远远不够，因此，人类不断地创造劳动工具，出现了一系列代替、增强和补充人类感官功能的方法和手段，产生了各种用途的人造感官，即被称为“电五官”的传感器。

信息技术是通过对外界信息的采集、传输和处理来反映控制所需的过程的技术。信息技术由测量技术、计算机技术、通信技术3部分组成，测量技术是关键和基础。虽然信息技术所涉及的领域非常广，但作为信息技术系统，其构成单元只有3个，即作为测量系统基础的传感器和通信系统、计算机系统。因此，作为获取外界信息窗口的传感器在信息技术系统中的地位十分重要。

传感器的重要性还体现在它广泛地应用于各个领域，在国防、航空、航天、交通运输、能源、电力、机械、石油、化工、轻工、纺织等工业部门和环境保护、生物医学工程等领域都已采用大量的传感器，而且也广泛出现到办公设备、家用电器中，如电饭锅、洗衣机、吸尘器、现金出纳机、自动门等。除此之外在现代农业发展和工厂化农业的实现过程中也运用了大量的传感器。当前，传感器正大量应用于个人消费电子终端产品中，例如将传感器应用于原本以通信功能为主的移动电话中，既扩展了手机的功能，也为传感器应用开辟了新领域，促进了传感器技术的发展。所以有人把传感器视为“支撑现代文明的科学技术”。

从某种程度上说，机械延伸了人类的体力，计算机延伸了人类的智力，传感器则延伸了人类的感知力。传感器的发展推动着生产和科技的进步，生产和科技的进步反过来也推动和支持着传感器的发展和进步。

第二节　传感器的相关概念

一、测量和测量系统

测量是指以确定对象属性和量值为目的的全部操作。具体地讲，测量是将被测的参量与同种性质的标准量进行比较，以确定被测量对标准量的倍数。测试或检测是与测量相同或近义的名词，是指具有实验性质的测量，可理解为测量与实验的综合。

测量是人们对客观事物取得定量认识的一种手段。为了定量地获取感知对象或者研究对象的信息需要进行测量，获得有用信息是测量的基本任务。因此，测量总是需要借助专门的设备、仪器等测量工具或测量系统，一般还需采用适当的测量方法并通过对信息的实际载运者——信号的分析处理，才能由测得的信号求得与对象有关的、可供显示或输出的信息量值。

测量系统对表征客观事物属性的物理或化学等参量的测量，与人体获取信息的方式很相似。但从目前的测量理论及技术发展程度来看，测量系统与人体的信息系统相比，在信息传输、信息处理等多个方面都有很大差距，有些甚至是本质上的差别。

测量系统的作用就是以客观和实验的方式对客体或事件的特性、品质加以定量或定性的描述，因此，测量系统必须具备以下2方面的特性。

客观性：即测量结果必须不依赖于观察者。

实验性：即测量结果必须以实验为依据，通过实验方式获取。

例如，比较2个客体对象的某一性质，必须对2个客体对象的同一性质进行相同参数的测量，才能通过对测量数据的计算、分析得到两者品质优劣的比较结果。

测量系统的输入信号一般称为被测量，即所要测量的物理或化学参量，如温度、湿度、压力、浓度等。传感器负责信号检测，其性能好坏会直接影响系统性能。如果传感器不能灵敏地感受被测量，或者不能把感受的被测量精确地转换成电信号，那么其他仪表和装置的精确度再高也无意义。传感器提供准确可靠的信息是现代仪器系统实现高性能的前提，如果传感器的水平与系统中的计算机的水平不相适应，计算机也就不能充分发挥其应有的作用。

信号调理是测量系统的重要组成部分，它将传感器的输出电信号转换为适于传输、显示或记录的信号，以满足后续电路或装置对输入信号的要求。信号调理通常包括信号放大、电平调节、滤波、阻抗匹配、信号调制/解调等。

测量信号的数据处理也是测量系统的重要部分。随着电子电路集成度的不断提升，越来越多的处理算法，包括人工神经网络、遗传算法、人工免疫算法等非线性算法，都可能被集成在测量系统中。在较复杂的情况下，采用各种实用处理方法对测量数据做必要的整理加工和分析处理，才能得出符合客观实际的结论或者提高所得信息的有效性或准确性。

二、传感器的定义

（一）国家标准的传感器定义

根据国家标准GB/T 7665-2005《传感器通用术语》，传感器（transducer/sensor）是“能感受被测量并按照一定的规律转换成可用输出信号的器件或装置，通常由敏感元件和转换元件组成”。敏感元件（sensing element）指传感器中能直接感受或响应被测量的部分；转换元件（transducing element）指传感器中能将敏感元件感受或响应的被测量转换成适于传输或测量的电信号部分；当传感器的输出为规定的标准信号时，则称为变送器（transmitter）。

上述定义包含以下含义：

1．传感器是测量装置，能完成检测任务；

2．其输入量是某种被测量，可能是物理量，也可能是化学量、生物量等；

3．其输出量是某种便于传输、转换、处理和显示的物理量，如气、光、电量等，目前主要是电量；

4．输出量与输入量有确定的对应关系，并且具有一定的精确度。

传感器是获得信息的装置，广义地讲，凡能感受外界信息并按一定规律转换成便于测量和控制的信息的装置都可称为传感器。传感器获取的信息可以是各种物理量、化学量和生物量，转换后的信息也可以有各种形式。

（二）传感器的其他称谓

传感器不是一门独立存在的技术，它是根据检测对象的不同，在各个领域中相对独立地发展起来的。从工业自动化、航空航天、生物工程、医疗医药和信息产业等生产应用领域到各种基础科学研究领域，各种各样的传感器被广泛地研究、开发和使用。因此，传感器在不同行业和领域有不同的叫法和名字，表1-1列出了国内外对传感器的一些叫法。

表1-1 传感器在国内外的一些叫法

国外	Transducer，Sensor，Transduction Element，Converter，Gauge，Transponder，Transmitter，Detector，Pick-up，Probe，X-meter
国内	传感器、换能器、变送器、敏感元件、探测器、检出器、××计（如加速度计）

三、传感器的分类

传感器产品多种多样，可按敏感原理、被测量、材料、工艺、应用等不同方式分类。同一种被测量，可用不同原理的传感器来测量；而基于同一种传感器原理或同一类技术，又可制作多种被测量的传感器。虽然人们利用传感器测量的自然界中的物理量名目繁多，但从本质上看，它们仅是一些基本物理量和由其派生出来的其他物理量，如能了解基本物理量与派生量之间的关系，将有助于划分传感器的类型（见表1-2），从总体上认识掌握传感器的原理、性能以及选择与应用的方法。

表1-2　一些基本物理量和常见派生物理量

<table>
<tr><th></th><th>基本物理量</th><th>派生物理量</th><th colspan="2">基本物理量</th><th>派生物理量</th></tr>
<tr><td rowspan="3">位移</td><td rowspan="2">线位移</td><td>长度、厚度、应变</td><td rowspan="2">加速度</td><td>线加速度</td><td>震动、冲击力、质量、应力</td></tr>
<tr><td>磨损、不平度、震动</td><td>角加速度</td><td>角震动、角冲击、扭矩、转动惯量</td></tr>
<tr><td>角位移</td><td>偏转角、姿态、角震动</td><td colspan="2"></td><td></td></tr>
<tr><td>时间</td><td>频率</td><td>计数、统计分布</td><td colspan="2">力、压力</td><td>重量、推力、应力、密度、力矩</td></tr>
<tr><td rowspan="2">速度</td><td>线速度</td><td>震动、流量、动量</td><td colspan="2">温度</td><td>热容量、涡流流量角、气体速度</td></tr>
<tr><td>角速度</td><td>转速、角震动、角动量</td><td colspan="2">光</td><td>光通量与密度、光谱、应变、转矩</td></tr>
</table>

（一）按检测过程中对外界能源的需要与否分类

根据检测过程是否需要外界能源，传感器可分为无源传感器和有源传感器。有源传感器也称为能量转换型传感器或换能器，其特点在于敏感元件能将非电量直接转换成电量，如超声波换能器（压电转换）、热电偶（热电转换）、光电池（光电转换）等。

与有源传感器相反，无源传感器的敏感元件本身无能量转换能力，而是随输入信号改变本身的电特性，因此必须采用外加激励源对其进行激励，才能得到输出信号。大部分传感器，如湿敏电容、热敏电阻等都属于此类。由于被测量仅能在传感器中起能量控制作用，因此无源传感器也称为能量控制型传感器。

由于需要为敏感元件提供激励源，无源传感器通常比有源传感器有更多的引线，传感器的总体灵敏度也受到激励信号幅度的影响。此外，激励源的存在可能增加在易燃、易爆气体环境中引起爆炸的危险，在某些特殊场合需要引起重视。

（二）按输出信号的类型分类

根据输出信号的类型，传感器可分为模拟式与数字式2类。模拟式传感器将被测的非电学量转换成模拟电信号，其输出信号中的信息一般以信号的幅度表达。输出为矩形波信号，其频率或占空比随被测参量变化而变化的传感器称为准数字传感器。由于这类信号可直接输入到微处理器内，利用微处理器的计数器即可获得相应的测量值，因此，准数字传感器与数字集成电路具有很好的兼容性。

数字式传感器将被测的非电学量转换成数字信号输出，不仅重复性好、可靠性高，而且不需要模/数转换器（ADC），比模拟信号更容易传输。由于敏感机理、研发历史等多方面的原因，目前真正的数字式传感器种类非常少。许多所谓的数字式传感器实际只是输出为频率或占空比的准数字传感器。

（三）按工作方式分类

传感器的工作方式可分为偏转型和零示型。在偏转型传感器中，被测量产生某种效应，在仪器的某个部分引起相应的可测量的效应。例如，在以扩散电阻为敏感元件的压力传感器中，被测量（压力）导致压力敏感膜片发生变形，引起扩散电阻的阻值发生变化。通过测量电阻的阻值，即可实现压力的测量。

零示型传感器一般是物理量传感器，通过采用某种与被测量所产生的物理效应相反的已知效应来防止测量系统偏离零点。这种传感器需要失衡检测器及用来恢复平衡的某些手段。应用零示型测量方法的最常见例子是机械天平。电子天平也是采用类似机械天平的原理，只不过是采用电磁反馈方式代替操作者手动添加砝码的方式使系统保持平衡。另外，系统平衡状态的检测也采用了力传感器。

相比于偏转型测量，零示型测量通常可得到更精确的结果。由于相反的已知效应能针对某个高精度标准或某个基准进行校准，失衡检测器只在零附近进行测量，因此，这种传感器系统的灵敏度很高。然而，零示型测量方式的速度很慢，尽管可以采用伺服机构来实现平衡的自动化，但其响应时间还是比偏转型的测量系统要长。

（四）按被测量或敏感原理分类

实际工程应用中，最常用的传感器是按被测量或敏感原理分类的。

按被测量（被测对象）分类是众多传感器用户需要的分类方式，物理量传感器如温度、压力、流量、液位、位移等传感器，化学量传感器如化学成分、气味、基因、蛋白质等传感器以及水质、血糖传感器等。这种分类方法对用户与产品生产单位来说一目了然。我国现行国家标准也是按被测量分类的，由于实际中需要测量的对象几乎有无限多种，而这种分类法把原理互不相同的同一用途的传感器归为一类，很难找出各种传感器在转换原理上的共性与差异，不利于掌握传感器的原理与性能的分析方法。

按传感器的敏感原理分类有助于减少传感器的类别，并使传感器的研究与信号调理电路直接相关。根据转换原理，传感器可分为物理传感器、化学传感器和生物传感器。按工作机理可分为结构型（空间型）和物性型（材料型）2大类。结构型传感器依靠传感器结构参数的变化实现信号变换，从而检测出被测量。物性型传感器利用某些材料本身的物性变化来实现被测量的变换，主要以半导体、电介质、磁性体等敏感材料制成固态器件。结构型传感器经常按能量转换种类再分类，如机械式、磁电式、电热式等。物性型主要按其物性效应分类，如压阻式、压电式、压磁式、磁电式、热电式、光电式等。按原理分类有利于对传感器的工作原理与设计进行归纳性的分析研究，使设计与应用更具有理性与灵活性，其缺点是使得对传感器不够了解的用户感到不便。

除上述分类方法外，传感器还可按敏感材料分类，如陶瓷传感器、半导体传感器、高分子聚合物传感器等；按加工工艺分类，有厚膜传感器、薄膜传感器、MEMS

传感器等；按应用领域分类，有汽车传感器、机器人传感器、家电传感器、环境传感器等；按信号处理形式或功能分类，有集成传感器、智能传感器和网络化传感器等。

传感器分类方法的多样性表明传感器技术具有很强的跨学科性，几乎涉及现代科学的各个领域，但从另一个角度来看，则表明传感器技术本身的学科方向性较弱。

第三节　传感器的一般构成

一、传感器的基本组成

传感器一般由敏感元件和转换元件2部分组成，由于敏感元件或转换元件的输出信号一般都较微弱，需要相应的转换电路将其变换为易于传输、转换、处理和显示的物理量形式。另外，除一些能量转换型传感器外，大多数传感器还需外加辅助电源提供必要的能量，所以有时传感器的组成还包括辅助电源部分。传感器的基本组成为被测量、敏感元件、转换原件、辅助电源、转换电路和电量。

（一）敏感元件

它的功能是直接感受被测量并输出与之有确定关系的另一类物理量。例如，温度传感器的敏感元件的输入是热量或温度，输出则应为温度以外的某类物理量。传感器的工作原理一般由敏感元件的工作原理决定。

（二）转换元件

有时敏感元件的输出量需要转换为电量（电压、电流、电阻、电容、电感等），才能便于进一步处理，因此需要转换元件将敏感元件的输出转换为电量。

（三）转换电路

如果转换元件输出的信号微弱，或者不是易于处理的电压或电流信号，而是其他电量，则需要相应转换电路，将其转换为易于传输、转换、处理和显示的形式（一般为电压或电流）。有的传感器将转换电路、敏感元件和转换元件制作在一起，有的则分开。

（四）辅助电源

有些传感器需外加电源才能工作，辅助电源就是提供传感器正常工作所需能量的电源部分，它有内部供电和外部供电2种形式。

图1-1给出了一个典型的电阻应变片式测力传感器，弹性体是其敏感元件，它感受被测力F并将其转换成应变量；电阻应变片是转换元件，它将弹性体输出的应变转

换成电阻值变化；电桥是转换电路，它将电阻值变化转换成电压U输出；电源是辅助能源，为电桥供电。

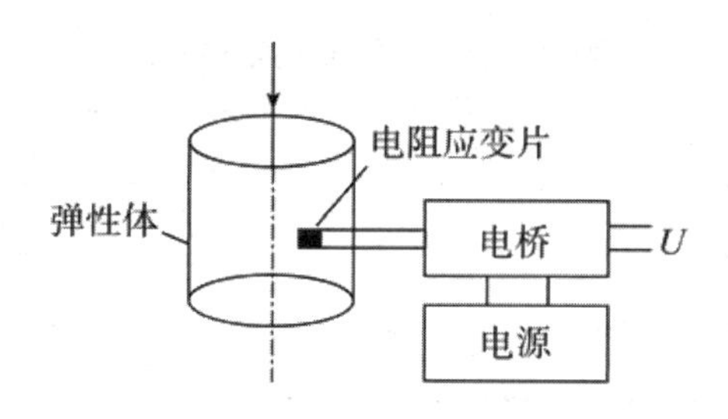

图1-1 电阻应变片式测力传感器

实际上，有些传感器的敏感元件和转换元件无区别，是二者合一的。如图1-2所示的热电偶传感器，2种金属A和B，其中一端连接在一起并放在被测温度为T的环境中，另一端放在温度为T_0的参考环境中，回路中会产生反映T与T_0温差的电势，利用该电势可测温度。

对一个传感器而言，敏感元件和转换元件必不可少，而转换电路和辅助电源并非必需。敏感元件和转换元件在结构上常组装在一起，有时可能合为一体，而转换电路和辅助电源与它们有时组装在一起，有时则是分开独立的。

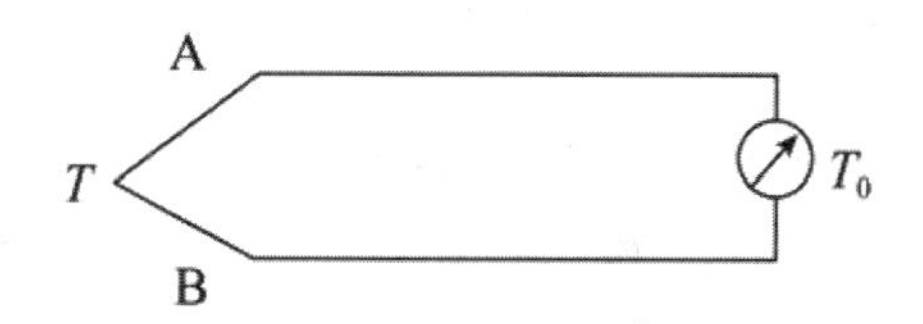

图1-2 热电偶传感器

仅由一个敏感元件构成的传感器较少，通常通过不同功能的元件组合来构成传感器。在大多数情况下，传感器的输出为电量，但要把一些外界信息直接变换为电量有时很困难，需要经过2级或2级以上的变换。另外，被测量的种类很多，测量条件各种各样，有的被测量不能直接用现有传感器检测，或理论上能检测但实际检测较为困难。为此，在多数情况下采取的方法是先把被测量变换为其他物理量，再用其他变换元件把这个物理量进行再变换。例如压力测量，虽然压电元件能把压力直接变换为电压信号，但由于绝缘电阻有限，测量稳态或接近稳态的缓慢变化压力时，必须用电荷放大器，而电荷放大器因工作稳定性和信噪比等问题而可能难以适用。因此，往往采用弹性膜片（敏感元件）先把压力变换为膜片位移，再将位移变换为其他电量（如电容），也就是通过压力到位移再到电量的2级变换来实现压力测量的。起中间变换作用的元件（如本例中的弹性膜片）称为一次变换元件。

容易变换成电量的量有位移、光、热（温度）等。由于位移测量用途很广，人们对位移传感器进行了各种研究，包括接触式和非接触式的。光电器件和热电偶传感器也较为成熟，因此光和热常作为中间变量。表1-3列举了利用位移、光、热的传感器能测的物理量。

表1-3　能用于中间变换的物理

中间变量	被测量
位移	力、压力、热
光	位移、转速、浓度
热	温度、电功率、真空度

二、传感器的信号调理与接口

（一）传感器的信号调理

传感器产生的电信号一般很弱，要经过放大后才能传输到数据采集（data acquisition，DAQ）模块做进一步处理。有些传感器的输出信号虽强，但许多DAQ部件或标准设备的输入范围固定（如±5V，0～5V等），与传感器的输出范围往往不符，必须对输出信号进行再调整（实现输出信号的标准化）。此外，传感器信号中的噪声必须尽量滤除或减小到最小。调理传感器的输出信号是为了使其更好地满足后续信号传输和处理的要求。

信号调理单元在测量系统中的位置如图1-3所示。实际上，信号调理与转换电路或检测电路之间的界限并不十分明确，有时会合二为一。因此，有些文献中也将电阻抗-电压转换电路，如电阻、电感、电容等的检测电路归为信号调理电路。

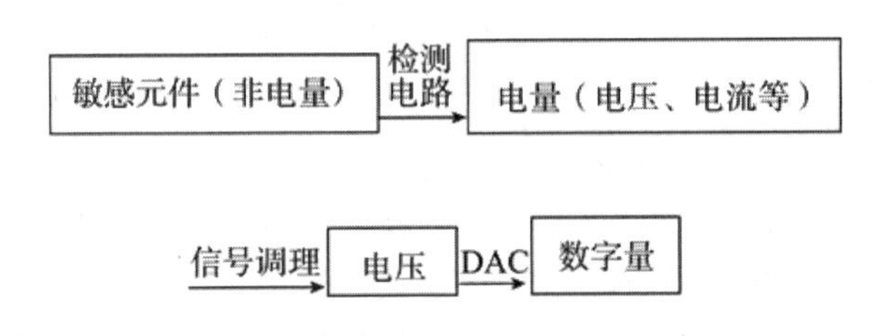

图1-3　信号调理在测量系统中的位置

图1-4为一个典型的信号获取系统。信号调理大致可分为5种类型，即电平调整、线性化、信号形式变换、滤波、阻抗匹配。

1．电平调整。这是最简单的信号调理，常见的是如图1-4中对电压信号的放大（或衰减），此外还包括传感器零位电压的调整等。

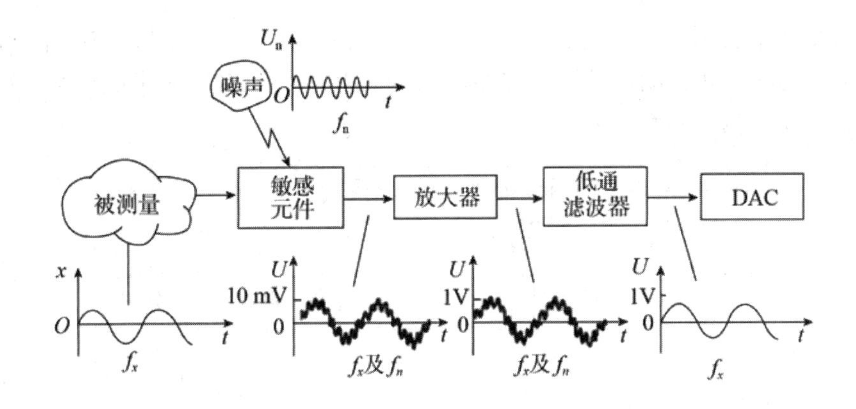

图1-4 典型的信号获取系统

2. 线性化。它是针对传感器的非线性特性进行的。虽然传感器种类繁多，但面对具体测量问题时，实际可供选用的传感器可能很少，且大部分的输入-输出特性呈非线性特性。这种非线性特性对动态测量尤其不利，可能会导致动态信号波形畸变。实际中，不可能通过信号调理将非线性特性调整为理想线性特性，线性化的作用在于尽量扩大传感器响应的线性范围。

3. 信号形式变换。它是将传感器输出信号从一种形式变换为另一种形式，如电压—电流变换或电流—电压变换。此外，将敏感元件的电阻抗转换为电压或电流输出的电阻抗检测电路有时也被归为这一类。

4. 滤波及阻抗匹配。这是几乎所有测量系统在设计实现过程中必须予以重点考虑的问题。滤波器可以是由电阻、电容、电感等元件组成的简单无源电路，也可以是以运算放大器为中心的复杂的多级有源滤波电路。阻抗匹配则是在传感器的内部阻抗或电缆的阻抗可能会给测量系统带来重大误差时必须认真考虑的问题。

（二）传感器接口与数域

实际的测量系统是通过传感器、信号调理，以及对数据的采集、处理、显示、存储与传输等环节的有机组合实现的。由于传感器种类繁多、涉及知识面宽广，要求测量系统的相关技术人员了解和掌握全部有关知识不现实。若能将系统模块化、输出接口标准化，相关人员就不必深入了解各功能模块的内部原理及结构，就可对整个系统进行设计、实现及维护。

图1-5所示为模块化的测量系统。随着集成电路技术的快速发展，在实际应用中具体的功能模块可能并不总是被分成截然不同的部分，但在最终利用传感器的输出信号之前，一般都需要对其进行某种信号处理。

接口（interface）是指实现2功能模块之间电气参数连接的部分，接口电路可以工作在同一电气参数范围，如将传感器输出的模拟信号调理成标准输出信号，也可将信号从一个数域变换到另一个数域，如模/数转换电路。

数域是用来表示或传输信息的某种参量的名称，数域的概念和数域之间的变换有助于说明与它们相关的传感器和电路。图1-6给出了测量系统中可能涉及的数域，其中大部分属于电气参数数域。

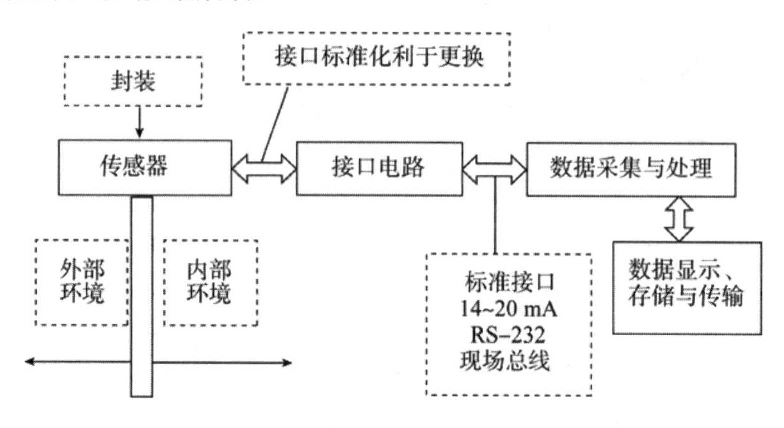

图1-5　模块化的测量系统

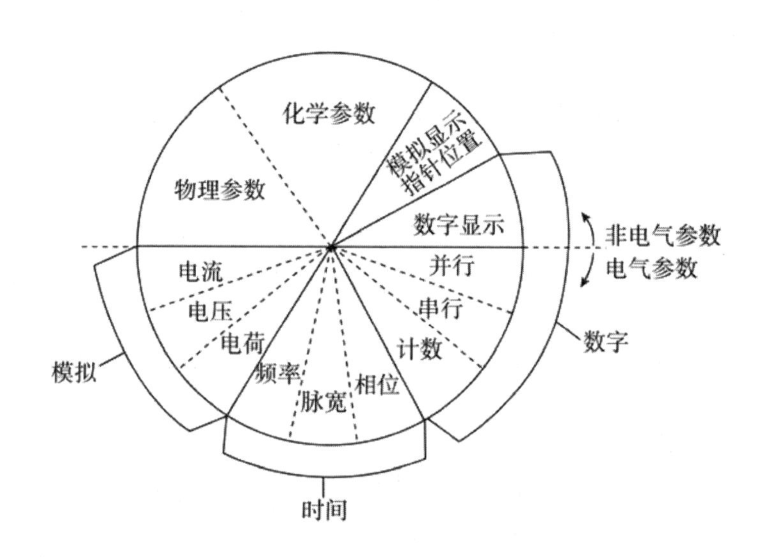

图1-6　测量系统中可能涉及的数域

模拟数域的信息由信号幅度（电荷量、电压、电流或功率）携载。时间数域的信息不是由幅度而是由时间关系（周期或频率、脉宽或相位）携载的，数字数域中信号只有“0”和“1” 2种状态，而信息则由脉冲数或由编码的串行字或并行字携载。

模拟数域的信号也称为模拟信号，这类信号最易受电气干扰影响。时间数域中的信号有时称为准数字信号。编码变量由于需要变换成数值变量，故不能以连续方式进行测量，而必须考虑周期或脉冲持续时间。数字数域中的信号称为数字信号，不仅数值显示容易，而且传输过程中抗干扰能力强。

依据测量方法的直接属性或间接属性，测量系统的结构可借助数域变化或变换来表示。例如，在电容式传感器中，可将敏感电容作为振荡器的一个选频元件，构成输出为频率信号的谐振式电容传感器，其输出信号属于时间数域，为准数字信号。这类传感器由于后续系统的测量、显示功能仅需要数字电路即可实现，因此被称为准数字传感器。

与模拟器件相比，以开关信号为特征的数字器件更容易利用微电子技术实现。因此，以频率或脉宽信号携载被测信息的准数字信号，在检测系统中使用更方便和常见。

第四节　传感器技术的特点与发展趋势

一、传感器技术的特点

传感器技术是有关传感器的机理研究与分析、设计与研制、性能评估与应用等的综合性技术，现代传感器具有以下技术特点。

（一）内容范围广而离散、知识密集程度高、边缘学科色彩浓

这些特点主要体现在传感器技术涉及多学科与技术，学科交错应用极多，知识密集度极高，与许多基础科学和专业工程学的关系极为密切、相互促进。相关学科、技术的快速发展使传感器产品的更新加快。

（二）技术复杂、工艺要求高

传感器的制造涉及许多高新技术，如集成技术、薄膜技术、超导技术、微细或纳米加工技术、粘合技术、高密封技术、特种加工技术，以及多功能化、智能化技术等，因此传感器的制造工艺难度很大，要求很高。

（三）功能优、性能好

功能优主要体现在传感器功能的扩展性好、适应性强，不仅具备人类“五官”的功能，还能检测人不能感觉的信息，能在高温、高压等恶劣环境下工作。性能好体现在传感器量程宽、精度高、稳定性和可靠性好、响应快等，另外还便于安装、调试与维修。

（四）品种繁多、应用领域广、要求千差万别

被测量包括许多物理量、化学量，需要多种多样的敏感元件和传感器。除基型

品种外，还要根据应用场合和不同具体要求研制大量的派生产品和规格。因而不能用统一评价标准考核、评估，不能用单一模式研究与生产。

（五）新技术、新应用、新要求

有些新技术、新行业的发展要求更高性能或具有新功能的传感器，也有许多应用领域并不要求苛刻的性能指标或工作条件，且拥有大量需求，使得这些应用成为半导体传感器，特别是微型传感器的应用方向。

（六）发展缓慢而生命周期长

传感器技术的发展相对缓慢，而一旦成熟，就不会轻易退出竞争舞台，适用期很长，并且有的传感器持续发展能力非常强。目前新型的微传感器发展步伐强劲，但许多传统传感器在一些专业应用场合仍然需求不断，在可预见的将来并不会被新型微传感器取代。例如，应变式传感技术已有70多年的历史，硅压阻式传感器也有40多年的历史，目前仍在传感器领域占有重要地位。另外，微电子技术的发展使传感器信号调理中的一些电路性能获得改进，并允许用更简单的电路进行设计。例如，一些普通传感器的信号调理专用集成电路（ASIC）也增强了传统传感器的生命力。

二、传感器技术的发展趋势

自然科学技术的发展和人类社会的不断进步使人们对传感器的需求越来越大，也促进了传感器技术的发展。传感器技术的发展主要有2个方向：一个是传感器本身的研究开发，另一个是与计算机相连接的传感器系统的研究开发。

传感器技术本身的发展依赖于3方面的进展，即新的传感器原理的发现和研究、新的功能材料的研发和应用，以及新的加工技术的发展。

随着物理学和材料学对材料的各种物理性能的进一步研究，已经有可能自由地控制材料的组成并发展出新的材料。其中最成熟和应用研究最广的材料就是硅材料及其派生物，许多微型传感器都是基于硅材料制成的。近年来，陶瓷材料在传感器中也越来越受到青睐，特别是其耐热性弥补了硅材料的不足。此外，高分子材料和生物功能材料对新的传感器的研究和开发都起到了极大的推动作用。近年来纳米材料和纳米技术的发展，又为传感器技术的发展开辟了更新的天地，形成了新的热点。

微细加工技术的发展使得传感器制造技术有了突飞猛进的发展，如硅平面技术、定向蚀刻技术、机械切断技术，以及薄膜、厚膜技术，使得多参数、多功能传感器得以微型化和集成化，从而提高了传感器的空间和时间的分辨率，使传感器能从单点向一维、二维、三维阵列的方向发展；同时又可把传感器、放大器和执行器集成在一起，使得既具有敏感功能又具有控制执行功能的微系统成为可能。

向生物体学习是传感器研究设计的目标，许多生物活性物质已用于传感器，形成了生物传感器的发展方向。许多新的具有特定识别能力的生物活性物质用于传感器，出现了令人瞩目的新传感原理和器件，如生物芯片的出现有效推动了人类基因组计划的发展。

传感器技术在新原理、新技术、新材料的支撑下将会得到更快发展，从其目前与微电子技术、计算机技术和通信技术等的结合发展趋势来看，传感器处于微型化、多功能化、集成化的发展过程中，正朝着智能化和网络化方向发展。相关技术和应用市场的快速发展给传感器技术的发展带来了新的机遇和挑战。

第二章　传感器的性能与标定

第一节　传感器的特性概述

为了掌握和使用好传感器，必须充分了解传感器的总特性。传感器用于测量某一参量时往往要将其放置在测量环境中，例如，测某一容器内液体的温度时，往往要把温度计放入该容器，除了要正确反映容器中的液体温度外，还不能改变容器内的温度场，即传感器不应改变或扰动被测量环境；同时传感器和后接仪器组成测量系统时也应正确地传送信号。传感器的总特性主要包括传感器的自身特性，及其与被测对象和后接仪器组成的测量系统的输入和输出的匹配。传感器的自身特性主要是机械特性和工作特性，其中工作特性包括静态特性、动态特性、环境特性及可靠性等。

一、机械特性

考虑传感器的机械特性主要有以下3个目的：

1. 便于运输和安装；
2. 防止环境条件（如震动、冲击）等影响传感器的结构和性能；
3. 使传感器能和工作系统恰当地连接起来。

为合理使用传感器，必须说明机械特性，如外形、大小、质量、安装等情况，以及与外部电源、机械、流体等连接的参数，某些情况下还包括传感器外壳材料特性和密封条件。

二、工作特性

传感器的工作特性可分为以下3类。

（一）静态特性

指室内条件下，无任何冲击、震动、加速度（除非它们本身就是被测量），且所测量变化又很缓慢时，对传感器性能的描述。室内条件一般规定为（25±10）℃，相对湿度小于90%，气压为88～108kPa。

（二）动态特性

指随时间变化的被测量与传感器的响应之间的关系。

（三）环境特性

是指对传感器施加特定的外部条件（如温度、震动、冲击等）时或施加后传感器所表现出的性能，前者称为运行环境特性，后者称为非运行环境特性。

第二节　传感器的误差

理想中的传感器无论在什么情况下其性能都应保持稳定，输入和输出都有一一对应关系，但实际上做不到。因此需要建立评价标准来衡量传感器的优劣，测量误差是用来衡量其性能的主要评价标准。

一、理想传感器与实用中的局限性

理想的传感器应该具有以下特点：

1．传感器的输出量仅对特定的输入量敏感；

2．传感器的输入量与输出量呈唯一的、稳定的对应关系，且最好是线性关系；

3．传感器的输出量可实时反映输入量的变化。

具体到不同的传感器，理想的目标往往还包括其他方面，如体积小、易批量生产、成本低、容易实现与检测电路的集成等。然而，由于传感器的制作工艺、结构特征、电子器件，以及实际应用环境等因素均可能制约或影响传感器性能，因此，传感器的理想特性实际上不可能达到，也不必都需要。在传感器的设计、制作与应用过程中，应尽可能控制各种不利因素，使传感器表现出的性能尽可能接近理想特性。

二、误差及其来源

传感器工作在具体应用环境中，通过与被测对象之间的信息交互实现被测量的检测。如图2-1所示，影响传感器性能的因素可分为2方面。一方面是传感器本身的误差因素，如非线性、滞后、重复性、漂移等，由传感器的敏感原理、结构设计、制作工艺等所决定。这方面的性能是在传感器出厂前进行评估的，并给出具体指标以供用户参考选用。性能指标的改进则要从传感器的原理、结构、制作工艺等方面考虑。尤其是传感器的具体制作工艺，往往是影响性能的重要因素，也是各传感器生产厂商的技术关键。

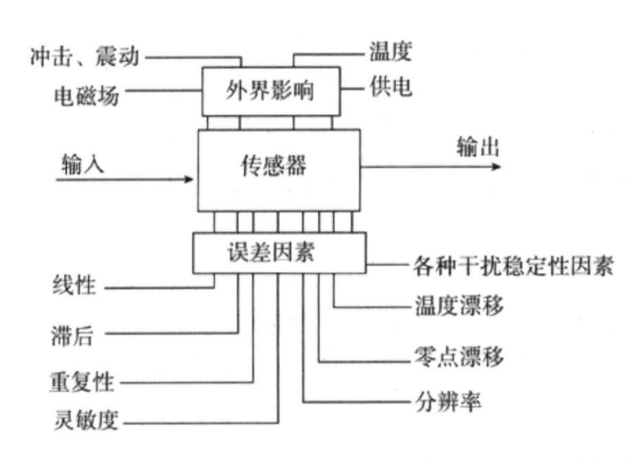

图2-1 影响传感器性能的因素

影响传感器性能的另一方面是在应用过程中引入的，如外界环境的电磁场干扰、工作环境温度波动、安装位置的冲击震动、供电电源波动等因素，其中供电电源的影响在一些现场存在大功率设备的应用场合尤其明显。大功率设备的工作常常需要非恒定的大电流，因此会造成电网电压的大幅度波动，在传感器的设计和应用中需重点考虑。

传感器的误差可定义为通过传感器得到的测量值与被测量的真值之差。但是，传感器的本身误差和使用传感器时产生的测量误差并不完全等同，例如在测量中需考虑传感器的使用对被测对象的扰动情况，即被测对象的负载效应。可能造成传感器误差的来源很多，但基本上可分为5类，即介入误差、应用误差、特性参数误差、动态误差及环境误差。

（一）介入误差

该类误差源于传感器或敏感元件的介入造成所测系统的环境变化。实际上，几乎所有传感器均存在这种误差，只是影响程度不同。例如，当流体压力传感器尺寸相对所测系统太大时，传感器的安装会影响被测量环境的压力分布，由此带来介入误差。

对于生物化学量传感器，传感器介入引起的误差更需认真考虑。例如，某些电化学传感器在内部封装有电解质溶液，通过半透膜与外界接触，当用于检测溶液中的化学物质时，需特别注意电解质溶液中离子的渗透是否会污染被测溶液。采用表面接触电极测量人体生物电或电阻抗时，电极在皮肤表面的固定、电阻抗检测时所需的激励电压/电流会影响人体的舒适度，如果电极设置不当，人体对这种不舒适的本能反应可能会导致较大的测量误差。

（二）应用误差

这类误差是实际中最为常见的误差，主要原因在于使用者对具体传感器原理缺乏了解或测量系统有设计缺陷。例如，用温度传感器测空气环境温度时，传感器的放置位置不合适或传感器与固体之间的热绝缘不好均可能造成误差。

（三）特性参数误差

顾名思义，特性参数误差源于传感器本身的特性参数，也是传感器生产者及使用者考虑最多的误差。由于这类误差是传感器本身固有的特性，因此使用者只能在选取传感器时充分予以考虑，尤其是在量程、阈值及分辨率等方面应用时。

（四）动态误差

大部分传感器的特性参数是在稳态环境下通过标定测试得到的，因此当所测参数发生变化时，传感器的反应存在滞后。人们在日常生活中体会最深的要数体温计，老式的水银温度计反应慢，目前市场上的电子体温计一般也要数分钟才能得到结果。在实际应用中，如需测量快速变化的参量，必须考虑传感器对快变输入信号的反应能力——动态特性。

（五）环境误差

图2-1中所示的各种环境参量均可能带来误差，最常见的环境影响因素是温度、冲击、震动、电磁场、化学腐蚀、电源电压波动等。在使用交流市电作为测量系统的电源时，必须充分考虑电源电压波动的影响。

第三节　传感器的静态特性

传感器感受被测量并以一定精度把被测量转换为与之确定对应的电信号输出。传感器研究的核心问题是输出与输入之间的对应关系，这种确定的对应关系存在于时间和空间中。传感器静态特性和动态特性是传感器在正常工作条件下，从时间域分析得出的输出量对输入量的依存关系，即输出量可真实表达输入量的程度。静态特性表示传感器在被测量处于稳定状态时的输出与输入关系，主要指标包括灵敏度、线性度、迟滞和重复性等。

一、输出与输入的静态函数关系

传感器的输入有2种形态：一种是输入为常量或随时间缓慢变化的量，称为静态输入量；另一种输入随时间变化，称为动态输入量。不论输入是哪种形态，输出都跟随输入变化。这种跟随性，即输入与输出之间的关系特性，是传感器工作质量的表征，是由传感器内部结构参数决定的特性。传感器输出与输入的静态函数关系可表示为：

$$y=a_0+a_1x+a_2x+\cdots+a_nx^n \qquad (2\text{-}1)$$

式中，a_0为零输入时的输出值；a_1为线性输出系数，或称为理论灵敏系数；a_1，a_2，…，a_n为非线性项系数。当a_0=0时，零输入时为零输出。

静态函数关系式有以下3种特殊情况，也是最常采用的函数关系。

（一）理想线性关系。a_0和各非线性项系数a_2，…，a_n均为0，此时：

$$y=a_1x \tag{2-2}$$

a_1为过原点的直线。定义线性灵敏系数$k=a_1=y/x$，它是一个常数。这是用直线方程拟合相应的输入-输出关系曲线所得到的最简单的输入-输出函数关系，当然误差要在允许范围内。

（二）非线性项中仅有奇次项的奇函数关系。a_0和各非线性偶次项系数a_2，a_4，a_6…均为0，此时有：

$$y=a_1x+a_3x^3+a_5x^5\cdots \tag{2-3}$$

具有这种静态特性的传感器，在原点附近很大的测量范围内，输入-输出近似为理想线性关系，并且有y（x）=-y（-x）的对称性。

（三）非线性项中仅有偶次项的偶函数关系。a_0和各非线性奇次项系数a_3，a_5…均为0，此时有：

$$y=a_1x+a_2x^2+a_4x^4+a_6x^6\cdots \tag{2-4}$$

具有这种静态特性的传感器的非线性部分具有y（x）=y（-x）的对称性，在零点附近灵敏度很小，所以其线性范围窄。

实际中常采用一种差动测量技术，它把具有相同特性的2个传感器差动组合，可有效消除偶次非线性项，改善传感器特性。设2个传感器都具有相同输入-输出特性，即：

$$y_1=a_0+a_1x+a_2x+\cdots+a_nx^n$$
$$y_2=a_0+a_1x+a_2x+\cdots+a_nx^n \tag{2-5}$$

如果被测量使第一个传感器有输入x，则使第二个传感器的输入为-x，此时$y_1=y+\Delta y$，对应的输入量为x；$y_2=y-\Delta y$对应的输入量为-x。对y_1和y_2取差，即采用差动，则有：

$$y_1-y_2=a_1[x-(-x)]+a_3[x^3-(-x^3)]+\cdots=2\Delta y \tag{2-6}$$

消除偶次非线性项，变成了仅有奇次项的情况，可改善传感器的特性。

线性特性是传感器最理想的特性，其益处是：可大大简化传感器的理论分析和设计计算；为标定和数据处理带来很大方便；避免了非线性补偿环节，方便安装、调试。

二、线性度

传感器静态特性曲线是在标准测试条件下，利用精度高一级以上的标准器给出一系列输入量x_i，测得相应输出量y_i，所得到的实际特性曲线（或校准曲线）。为了方便标定或数据处理，希望传感器输入—输出特性越接近线性越好，通常采用直线或多段折线替代实际曲线，这种采用拟合方式得到的直线称为拟合直线，由此也引入了误差。

传感器的校准曲线与拟合直线的偏差程度用线性度表征，也称为非线性误差，其定义为：

$$r_L=\pm\frac{\Delta L_{max}}{y_{FS}}\times 100\% \qquad (2\text{-}7)$$

式中，ΔL_{max}为最大偏差；y_{FS}为满量程时的输出值。测量下限与测量上限的区间为量程，测量上限时的输入量为满量程输入值，对应的输出为满量程输出值。如图2-2所示，图中实线为实际输出曲线，虚线为拟合直线。

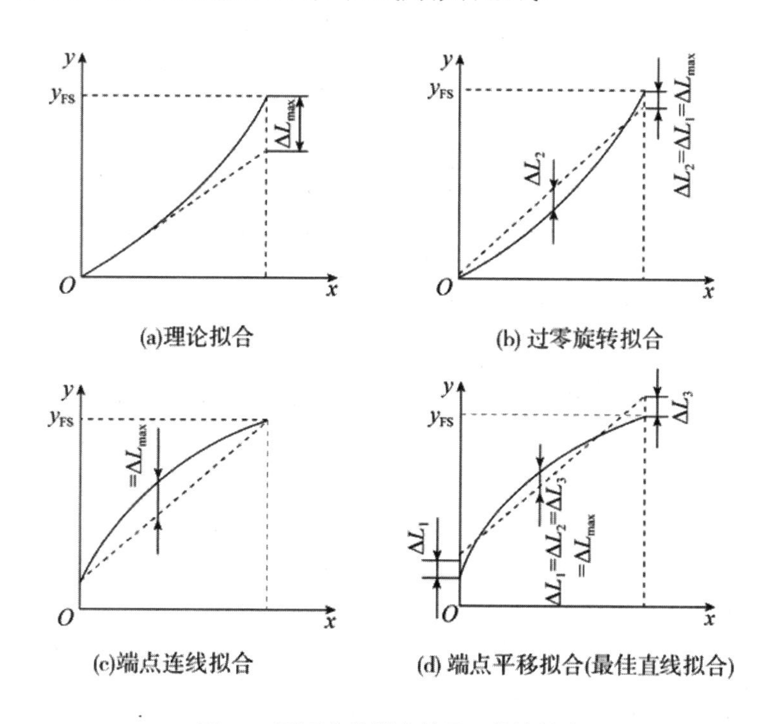

图2-2　不同直线拟合情况下的线性度

可见，非线性误差大小与所选拟合直线有关，拟合直线的方式不同，非线性误差也不同。在谈到非线性误差时，一定要明确所用的是哪种拟合直线，如最小二乘拟合、最佳直线拟合等。一般选择拟合直线的原则是使非线性误差最小，另外还应考虑使用方便、计算简单。

三、灵敏度与测量范围

（一）灵敏度

灵敏度指传感器的输出增量与输入增量之比。对于线性传感器或非线性传感器的近似线性段，灵敏度是传感器特性直线段的斜率（如图2-3所示），即：

$$s=\Delta y/\Delta x \tag{2-8}$$

对于非线性传感器，灵敏度可用其一阶导数表示，即：

$$s=dy/dx \tag{2-9}$$

市场上的传感器产品一般会为用户提供线性特性输出，表示为对应固定输入量的输出量值。如某位移传感器的灵敏度为100mV/mm，表明该传感器对应1mm位移量可有100mV的输出变化。再如，某血压传感器的灵敏度为10V/（V・mmHg），说明该传感器对应1mmHg的压力和1V激励电压，有10V输出量变化。

与其他参数一样，灵敏度也存在误差，称为灵敏度误差，即实际灵敏度偏离理论灵敏度的程度，如图2-3中的虚线所示。例如血压传感器的实际灵敏度可能是10.8而非10。

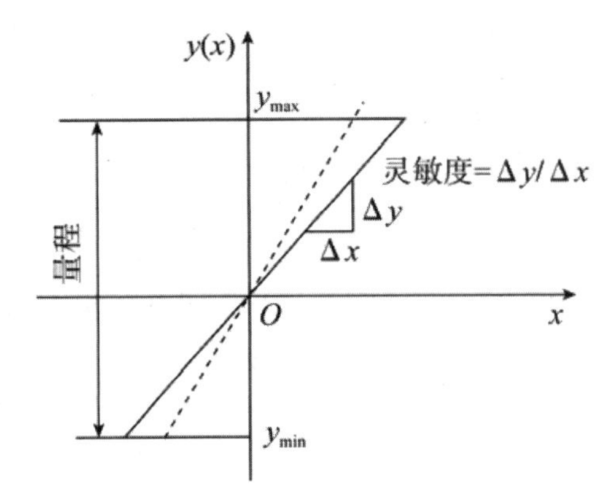

图2-3　传感器的灵敏度与量程

（二）量程

量程指传感器能检测的输入量的最大值和最小值。例如，某压力传感器的量程可能为-400～+400mmHg，或表示为±400mmHg，说明该传感器的输入压力在-400～+400mmHg之间变化时可有相应的线性输出，超出这一范围时，不能保证传感器的输出量与具体压力之间的对应关系。实际传感器的正、负量程也可以不相等，如某医用血压传感器的量程为-50（真空）～+450mmHg。量程也可采用最大值与最小值之差来表示，如前述血压传感器的量程也可表示为450+50=500mmHg。

在实际应用中，传感器的量程选择是一个最简单却需特别注意的问题。一般的传感器产品所给出的精度等性能指标都是针对满量程的相对值，如0.1%FS（FS即Full Span，指满量程），因此实际应用时越接近满量程，其测量准确度越高。

四、迟滞特性与重复性

传感器迟滞特性表示其对正向（输入量增大）和反向（输入量减小）输入的响

应曲线之间的不重合程度。正向和反向特性曲线会形成一个闭环，称为迟滞环，如图2-4所示。可见对同一大小的输入量，正、反行程对应的输出量大小并不相等，会产生迟滞误差（或回程误差）。产生原因是敏感材料物理性能的各向异性，以及机械零部件存在缺陷（如间隙、紧固松动、零件之间的摩擦等）。迟滞的大小一般用实验方法确定。

迟滞误差定义为正、反行程最大输出差值ΔH_{max}与输出满量程值y_{FS}之比：

$$r_H=\pm（\Delta H_{max}/y_{FS}）\times 100\% \tag{2-10}$$

重复性指传感器在同一工作条件下，输入按同一方向连续多次变动时所测得的多个特性曲线的不重合程度，如图2-5所示。重复性误差定义为输出量最大不重复误差ΔR_{max}与输出满量程值y_{FS}之比：

$$r_R=\pm（\Delta R_{max}/y_{FS}）\times 100\% \tag{2-11}$$

ΔH_{max}与ΔR_{max}的物理意义不同。前者是同一次测量双向最大差值，后者为同向多次测量中的最大差值。重复性误差反映了数据的离散程度，属随机误差范畴，按式（2-11）计算误差过于繁琐，可以利用校准数据的离散程度即根据标准偏差来计算重复性误差：

$$r_R=\pm（3\sigma/y_{FS}）\times 100\% \tag{2-12}$$

式中，σ为标准偏差，服从正态分布规律，根据贝塞尔公式有：

$$\sigma=\sqrt{\frac{\sum_{i=1}^{n}(y-\bar{y})^2}{n-1}} \tag{2-13}$$

式中，y_i为第i次测量输出值；$\bar{y}$为测量输出值的算术平均值；n为测量次数。

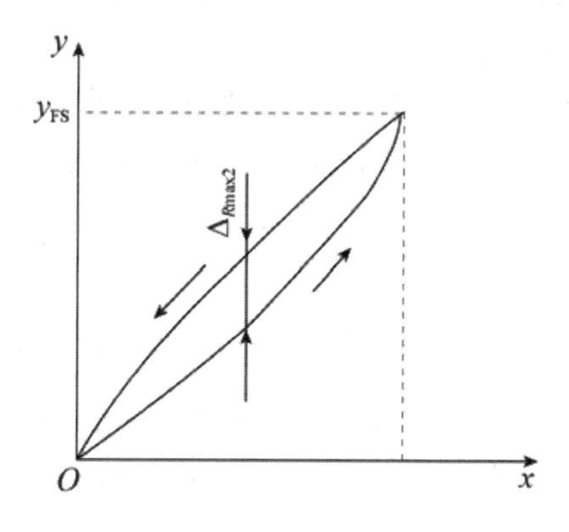

图2-4　传感器的迟滞特性

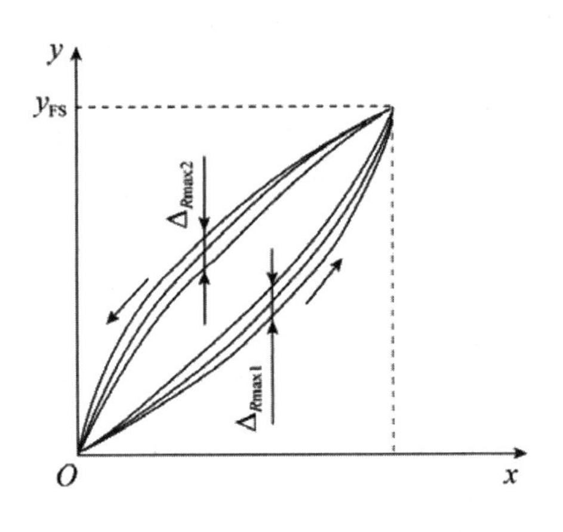

图2-5　传感器的重复性

五、分辨力与阈值

分辨力指传感器能检测到的最小输入增量。只有当传感器的输入变化到一定程度时，输出才能被察觉，所以用分辨力（或分辨率）来评定传感器的这一能力。分辨力反映了各种因素对传感器的综合影响，如机械运动部件摩擦、惯性、运动死点，电路中元件参数不恰当，以及数字系统中位数有限等。分辨力在传感器设计、制造和选择上都很重要，是追求高性能的一个永恒目标。传感器的测量误差不会小于其能分辨的输入量值。

有些传感器，当输入量连续变化时，输出量只作阶梯变化，这时分辨力就是输出量的每个“阶梯”所代表的输入量大小。分辨力用绝对值表示，它与满量程输入之比为分辨率。

当输入量减小到某一数值时，将观察不到输出量变化，此时的输入量称为传感器的阈值。阈值是传感器在零点附近的分辨力，即零位分辨力。阈值和分辨力一样，都是有量纲的量，量纲由输入量的量纲决定。

六、稳定性

给传感器施加同样大小的输入时，理想情况是无论何时，其输出量始终保持不变。但实际上随时间推移，大多数传感器的特性都会改变。对同一输入量，即使环境条件完全一样，传感器的输出较之以前也会有所不同，这是因为传感元件或构成传感器的部件的特性随时间发生了变化，产生了一种称为经时变化的现象，即使是长期放置，不同的传感器也会产生不同的经时变化现象。特性变化与使用次数有关的传感器，受经时变化现象的影响更大。

使用传感器时，如果对元件施加不当的外力或不必要地加热，就会产生不可逆的变化，这样的变化累积下去势必引起传感器特性的变化。

传感器在连续使用的过程中，即使输入保持一定，有时也会出现输出朝一个方向偏移的现象，这种现象称为漂移。输入值是0也会发生漂移，称为零漂现象。

有时在接通电源时，传感器的工作不稳定，会产生较大的漂移，这时传感器内部的发热量尚未达到正常值，因而工作点下跌，但这种漂移是暂时性的，最终会自行消失，达到正常状态所需的时间称为升温时间。因此接通电源后，在升温期内应避免使用传感器。

稳定性所涉及的因素比较多，具体指标的计算方法也不尽相同。下面仅列出3个主要指标，具体定义请参考其他专业文献。

1．时间零漂：传感器的输出零点随时间发生漂移的情况。

2．零点温漂：传感器的输出零点随温度变化发生漂移的情况。

3．灵敏度温漂：传感器的灵敏度随温度变化发生漂移的情况。

其中，输出零点的漂移可通过选择高稳定性器件、优化电路参数等方法减小，而与温度有关的漂移则可采用温度补偿的方式加以限制。

不稳定性的随机性较大，故较难用计算机进行处理，尽管目前已经研究出不少校正零漂和时漂的算法，但比校正非线性要困难得多。因此稳定性对传感器来说是一个非常重要的特性，达不到一定稳定程度，传感器就不能使用。新开发的传感器如果稳定性很差，便不足以称为传感器，只能说是研究了一种新的物理或化学的转换方法。

七、综合误差

综合误差也称为精度，是指传感器示值与被测量真值之间的最大偏差。这一指标可用绝对误差表示，也可用绝对误差相对于满量程的百分比形式表示。一种常见的做法是综合考虑室温下传感器的线性度（非线性误差）r_L、迟滞误差r_H和重复性误差r_R这3项误差，若这些误差是随机的、独立的、正态分布的，传感器静态综合误差可由下式计算：

$$r=\sqrt{r_L^2+r_H^2+r_R^2} \tag{2-14}$$

第四节　传感器的动态特性

传感器的动态特性是指传感器对于随时间变化的输入量的响应特性，是传感器的输出值能真实再现变化着的输入量的能力的反映。传感器的输出量随时间变化的曲线与相应输入量随同一时间变化的曲线越相近，则传感器的动态特性越好。一般希望传感器输出随时间变化的规律与输入随时间变化的规律相同，即两者有相同的时间函数形式，而实际上，输出信号不会与输入信号具有完全相同的时间函数，这种差异就是动态误差。

在实际测量中，传感器的输入可能是变化较快的连续信号，也可能是冲击性或周期性输入，此时传感器中各种储能元件引起的暂态过程所表示的特性与静态特性有很大差异，输出与输入的关系将随时间变化。为此，需要研究传感器的动态特性和指标。

一、动态特性分析方法

一般情况下，传感器可看成一个动态复现系统，对这种系统的要求是在动态工作条件下（输入为随时间变化的函数），以最小的误差复现输入作用。

一般视传感器所测输入量为规律性信号，而规律性信号中的复杂周期信号可分解为不同谐波的正弦信号叠加。其他非周期信号都比阶跃信号缓和，只要传感器能满足对阶跃信号输入的响应，就可满足对其他非周期信号的响应。另外，有时也考虑线性信号的输入情况。所以动态特性研究中的“标准”输入是正弦周期信号、阶跃信号和线性信号。

传感器的动态特性要从时域和频域2方面分析。因此在时域内研究对阶跃函数的响应特性，在频域内研究对正弦函数的频率响应特性。采用阶跃输入研究传感器时域动态响应特性时，用上升时间t_r响应时间t_s和过冲量（或超调量）等参数来综合描述。采用正弦输入研究传感器频域动态响应特性时，用幅频特性和相频特性来描述，其重要指标是响应频带宽度，简称带宽。带宽指增益变化不超过某一规定分贝值的频率范围。

根据线性时不变系统理论，传感器可用一个n阶常系数线性微分方程描述，即：

$$a_n\frac{d^n y}{dt^n}+a_{n-1}\frac{d^{n-1}y}{dt^{n-1}}+\ldots+a_2\frac{dy}{dt}+a_0 y=b_m\frac{d^m y}{dt^m}+b_{m-1}\frac{d^{m-1}x}{dt^{m-1}}+\ldots+b_2\frac{dx}{dt}+b_0 x \quad (2\text{-}15)$$

式中，$x=x$（0）为输入信号；$y=y$（t）为输出信号；a_i（i=0，1，2，…，n）和b_j（j=0，1，2，…，m）均为实数，是与传感器内部结构和材料性能有关的常数（要求$m<n$）。方程阶数n由传感器结构和工作原理决定，n=0称零阶传感器；n=1称一阶传感器；n≥3称为高阶传感器。

二、频率响应特性与动态品质的关系

线性系统在正弦输入作用下输出幅值与输入幅值的比值称为系统的幅频特性，以|H（$j\omega$）|表示，而输入与输出之间随频率而变的相位特性称为相频特性，以φ（ω）表示。图2-6为一典型的幅频和相频特性，统称频率特性。频率特性是传感器的一个十分有用的评估特性，用于评价传感器在波形复杂的周期输入作用下的复现误差。

理论分析可知，在图2-6中，幅频特性保持稳定的区间是$0<\omega<\omega_1$。由于幅频特

性平坦，对所有落在此频率范围的输入都有近似相同的灵敏度，因而由测量出的输出结果与静态灵敏度得出的被测动态输入值不会有较大的幅值误差，而线性变化的相频特性可保证不出现的各种谐波所组成的任意复杂波形都能被精确地复现。由此可得出结论：频率特性的形状对评估动态误差有重要意义。

可以证明，固有频率拓宽，则在指定精度下的平坦区间也将拓宽，因此通过改变传感器的固有频率可改变动态范围。

最后，频率特性与时间响应之间有着确定的关系，通过频率特性可计算暂态响应。从典型环节的频率特性，可以了解结构参数对它的影响及暂态响应之间的关系。

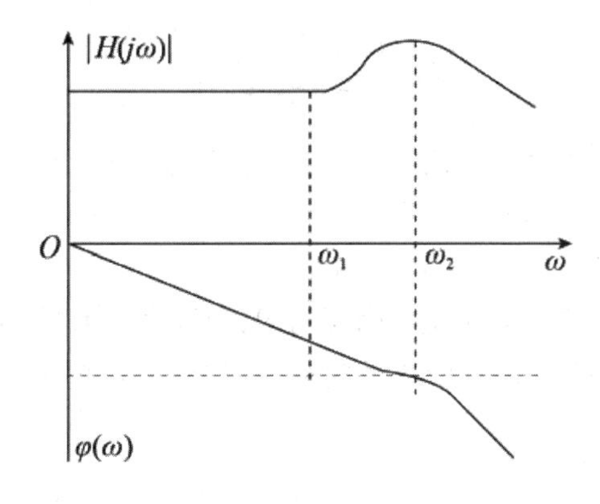

图2-6　幅频和相频特性

（一）一阶传感器

具有简单能量变换的传感器，如多数物性型传感器，其动态性能可用一阶微分方程来描述。直接利用微分方程或传递函数，可得到典型的一阶传感器的频率特性，即：

$$H(j\omega)=A/(1+j\omega\tau)$$

相应的幅频和相频特性为：

$$|H(j\omega)|=A/\sqrt{(1+j\omega\tau)^2}$$

$$\varphi(\omega)=\arctan(-\omega\tau) \tag{2-16}$$

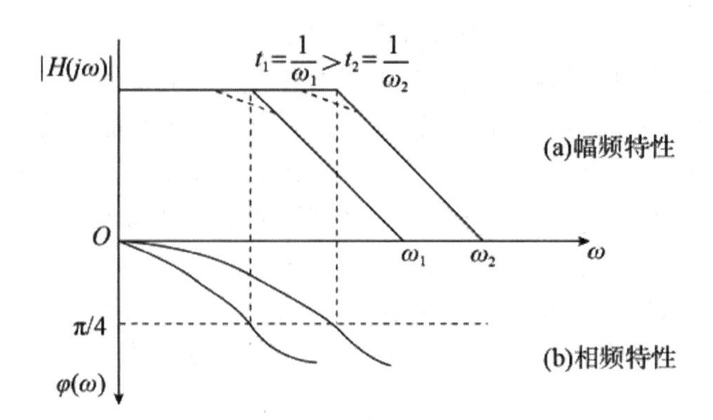

图2-7 一阶频率特性

其图形以对数坐标描述，如图2-7所示。由图可见，一阶频率特性具有最简形式，其特征参数可用3dB频率ω_c表示，即：

$$\omega_c=1/\tau \tag{2-17}$$

此处，τ称为传感器的时间常数。由图可见，时间常数τ越小，则3dB频率ω_c越高，具有较好的动态响应，或者说，较小的时间常数响应较快。

（二）二阶传感器

在电气系统中具有R、L、C的电路呈现二阶频率响应。同样，对于具有阻尼、质量和弹簧的机械系统（如图2-8所示），如测力和测量振动的传感器，也有类似特性。

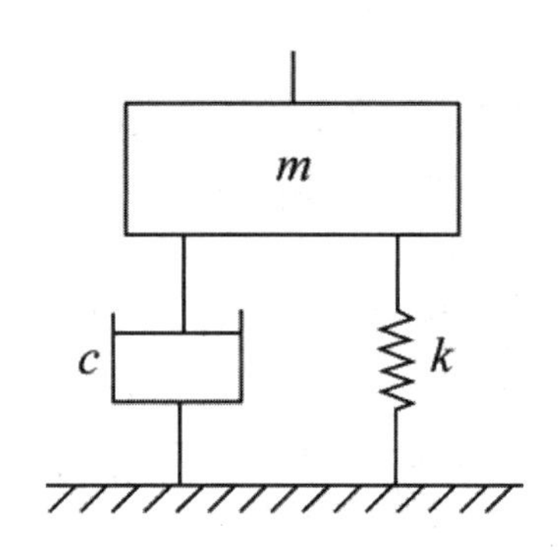

图2-8 单自由度的二阶系统

根据力平衡原理，可列出微分方程：

$$m\frac{\mathrm{d}^2y}{\mathrm{d}t^2}+c\frac{\mathrm{d}y}{\mathrm{d}t}+ky=F(t) \tag{2-18}$$

由此可得频率特性：

$$|H(j\omega)|=\frac{1/k}{\sqrt{(1-x^2)^2-(2\xi x)^2}} \tag{2-19}$$

式中，x为频率比，$x=\omega/\omega_0$；ω_0为系统无阻尼时的固有频率，$\omega_0=\sqrt{\mathrm{km}}$；$\xi$为阻尼比系数，$\xi=c/(2\sqrt{km})$。

由式（2-19）可求得幅频特性和相频特性，分别如图2-9和式（2-20）所示：

$$|H(j\omega)|=\frac{1/k}{\sqrt{(1-x^2)^2-(2\xi x)^2}}$$

$$\varphi(\omega)=-\arctan\frac{2\xi x}{1-x^2} \tag{2-20}$$

可见，频率特性与无阻尼的固有频率ω_0（在$x=1$处）和阻尼比系数ξ有关，谐振峰值大小和谐振频率ω_n随ξ变化，对式（2-20）微分并使之等于零，可得：

$$x=\sqrt{(1-2\xi^2)}$$

$$\omega_n=\omega_0\sqrt{(1-2\xi^2)} \tag{2-21}$$

由式（2-21）或图2-9可知，在$\xi<0.707$时，在某一ω_0下出现谐振。在$\xi=0.707$处，$\omega_n=0$，不再出现谐振峰，此状态称为临界阻尼状态。由此得出结论：二阶系统的频率特性可用参数ω_0和ξ评估，在相同ξ下的ω_0越大（固有频率越高），则其动态特性越好；在确定的固有频率下，$\xi=0.707$时，幅频特性平坦区最宽，0.707也称为最佳阻尼比。

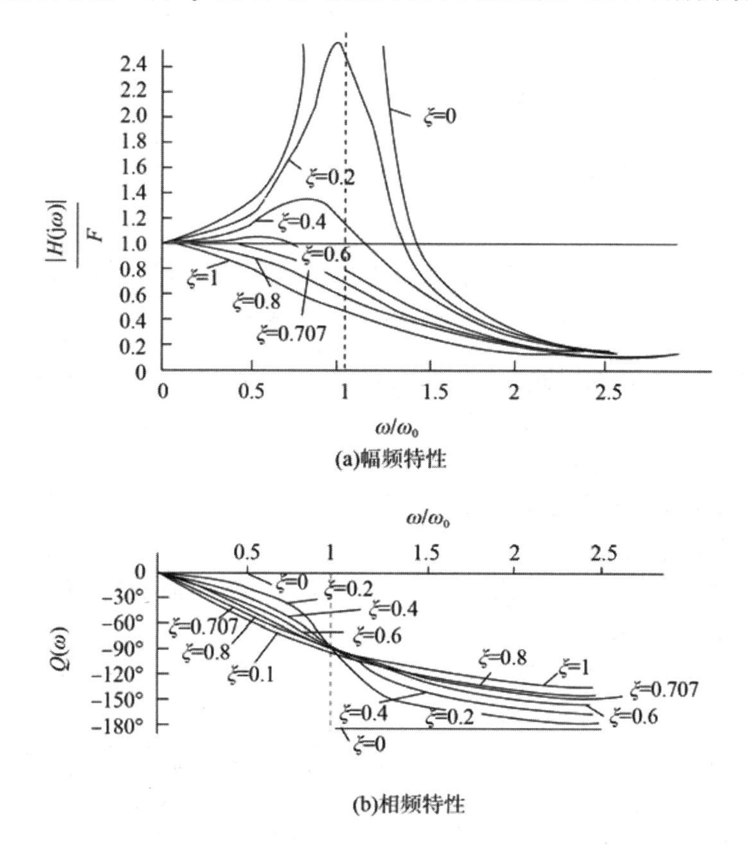

(a)幅频特性

(b)相频特性

图2-9　二阶系统频率特性

三、时域响应特性与动态品质的关系

在快变输入作用下，传感器的输入-输出关系随时间变化其原因是输入作用引起的系统的暂态分量的影响。因此，系统的动态输出可看成由2个分量构成：一个是像静态特性一样与输入保持确定关系；另一个是由输入作用引起的暂态分量，也称为动态误差。

暂态分量反映了传感器中能量的存储（电场、磁场、位能、动能及热积累等）过程和消耗（摩擦等）过程之间的动态平衡关系。以阶跃函数作为输入，可观察到它们之间的关系。图2-10表示在零初始条件下的阶跃响应曲线，y（∞）表示暂态结束后的稳态值，它与输入x（t）的关系由静态特性确定。由图2-10可见，暂态分量的影响只是在前沿部分显现，故传感器的动态品质参数可用阶跃响应的前沿部分的某些特征来表示，常用如下几种。

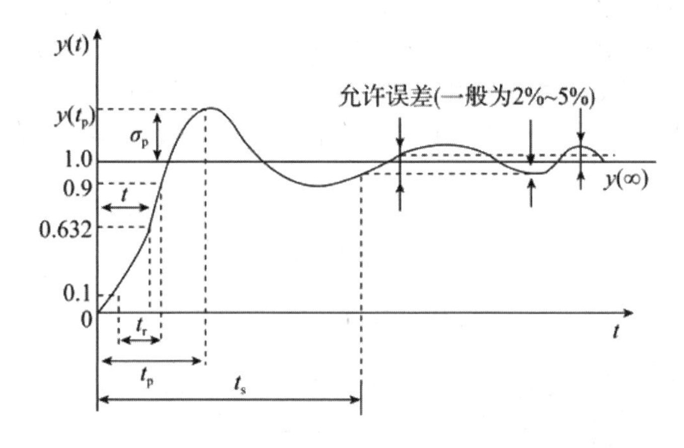

图2-10　阶跃响应曲线

1．时间常数τ。传感器输出值由零上升到稳定值的63.2%所需要的时间。

2. 上升时间t_r。为排除时滞影响，上升时间常定为响应从最初稳态值的5%或10%上升，第一次达到稳态值的90%或95%所需的时间。

3．响应时间t_s。指输入量开始起作用到输出值进入稳定值所规定的范围内所需的时间，一般与规定误差一同给出。

4．超调量σ_p。指输出第一次达到稳定值又超出稳定值而出现的最大偏差，常用相对稳定值的百分比来表示。

5．峰值时间t_p。传感器输出值由零上升超过稳定值，到达第一个峰值所需要的时间。

6．稳定时间。指系统从阶跃输入开始到系统稳定在稳态值的给定百分比（规定误差范围）时所需的最短时间。对于稳态值的给定百分比为±5%的二阶传感器系统，ξ=0.707时，稳定时间最短，为$3/\omega_0$。稳定时间和上升时间都是反映响应速度的参数。

传感器的动态性能可用一个或几个参数描述。其描述方法与传感器的暂态过程的特点有关。以下是代表暂态过程特点的2种典型过程。

（一）单调变化的阶跃响应

由多个惯性环节组成的开环系统，其阶跃响应呈单调变化，可用上升时间、阶跃响应时间或稳定时间三者之一来描述其性能。对简单的、只有一个惯性环节的系统，只须给出时间常数，阶跃响应即可完全确定，如图2-11所示，有：

$$y(t)=y(\infty)[1-\exp(-t/\tau)] \tag{2-22}$$

可见，τ越小，响应时间和稳定时间越短，动态性能越好。和式（2-17）比较可知，τ变小意味着频带变宽，响应时间变短。

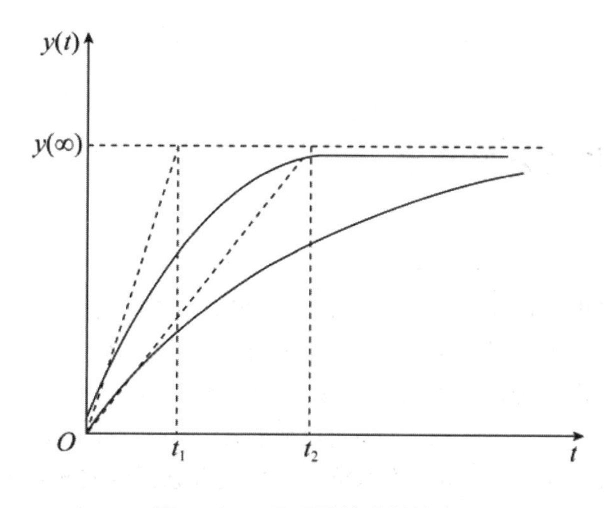

图2-11　一阶系统的阶跃响应

（二）典型的二阶系统

二阶系统的传递函数可由式（2-18）求得，即：

$$H(s)=\frac{k\omega_0^2}{s^2-2\xi\omega_{0s}-\omega_0^2} \tag{2-23}$$

图2-12所示为二阶系统的阶跃响应曲线，图中ξ=0.707的曲线表示临界阻尼状态。比较3条曲线可看出，临界阻尼具有最小的稳定时间，ξ越小则上升时间越短。从响应时间角度看，临界阻尼并非最佳状态。分析表明：ξ越小则瞬时过冲量越大，因此实际中一般（选为0.5～0.7，以便能在允许的冲量下响应时间最比较图2-9和图2-12可看出，较小的ξ值具有较宽的频带（3dB）带宽，故上升时间与带宽有关。

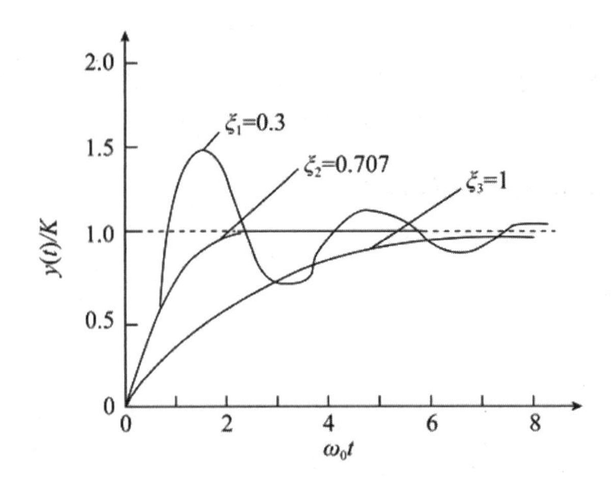

图2-12　二阶系统的阶跃响应

第五节　传感器的标定

在传感器研发、制作、装配完毕之后，投入使用之前，都要按照要求进行试验，检测其各方面的性能，确保其测量的准确性。在检测合格投入使用一段时间之后，对传感器性能进行复测是必不可少的环节。标定通常是指在输入-输出变换对应的关系已知的条件下，用某种标准或标准器具对传感器进行标度。

静态标定和动态标定是传感器标定的2种形式。静态特性和动态特性研究的方面是不同的，表达的参数也不相同。静态特性指标是静态标定的测定范围，如线性度、灵敏度、滞后和重复性等。动态特性参数是动态标定的测定范围，如频率响应、时间常数、固有频率和阻尼比等。

一、传感器的静态标定

（一）静态标准条件

传感器的静态特性是在静态标准条件下进行标定的。所谓静态标准条件是指没有加速度、振动、冲击（除非这些参数本身就是被测物理量），环境温度一般为室温（20±5）℃，相对湿度不大于85%，大气压力为（101±7）kPa的情况。

（二）标定仪器设备精度等级的确定

对传感器进行标定，是根据试验数据确定传感器的各项性能指标，实际上也是确定传感器的测量精度。所以，在标定传感器时，所用的测量仪器的精度至少要比被标定的传感器的精度高一个等级。这样，通过标定确定的传感器的静态性能指标才是可靠的，所确定的精度才是可信的。

（三）静态特性标定的方法

对传感器进行静态特性标定，先要创造一个静态标准条件，然后选择与被标定传感器的精度要求相适应的一定等级的标准设备，最后才能对传感器进行静态特性标定。

标定过程步骤如下：

（1）将传感器全量程（测量范围）分成若干等间距点；

（2）根据传感器量程的分点情况，由小到大逐渐一点一点地输入标准量值，并记录下与各输入值对应的输出值；

（3）将输入值由大到小一点一点减小，同时记录下与各输入值相对应的输出值；

（4）按2、3所述过程，对传感器进行正、反行程往复循环多次测试，将得到的输出-输入测试数据用表格列出或做出曲线。

（5）对测试数据进行必要的处理，根据处理结果就可以确定传感器的线性度、灵敏度、滞后和重复性等静态特性指标。

二、传感器的动态标定

动态响应是传感器的动态标定的测定目标。时间常数τ是一阶传感器唯一与动态响应有关的参数，固有频率ω_0和阻尼比ξ这2个参数同时对二阶传感器的动态响应有影响。

输入一个标准的激励信号的目的是动态标定传感器。为了便于比较和评价，常常采用阶跃变化和正弦变化的输入信号，即为了确定传感器的动态参量，使传感器按固有频率振动，需要输入一个已知的阶跃信号，监控传感器的运动状态。此外，还有一种方法是在已知振幅和频率的条件下，向传感器中输入一个正弦信号，监测运动状态。

通常情况下，将最终值的63.2%设定为输出值的临界，当外加阶跃信号的一阶传感器的输出值达到此临界时，记录响应时间作为时间常数τ。但是，这样的设定可靠性不好，由于测试过程受个别瞬时值的影响较大，没有考虑到整个响应的全过程。如果用下述方法确定，可以获得较可靠的结果。

一阶传感器的单位阶跃响应函数为

$$y(t)=1-e^{1/t} \tag{2-24}$$

令$z(t)$ $\ln[1-y(t)]$，则上式可变为

$$z=-t/\tau \tag{2-25}$$

式（2-25）表明z和时间t呈线性关系，并且有$\tau=\Delta t/\Delta z$。因此，可以根据测得的t值做出一条曲线，并根据值$\Delta t/\Delta z$获得时间常数τ，这种方法考虑了瞬态响应的全过程。

三、压力传感器的静态标定

由于内部的结构元不同，传感器标定的方法也是各不相同的。下面以压力传感器为例说明传感器的标定方法。

用于动态测量的压力传感器，先要按前述进行静态标定。图2-13是用活塞压力计对压力传感器进行标定的示意图。活塞压力计由压力发生系统和活塞部分组成。

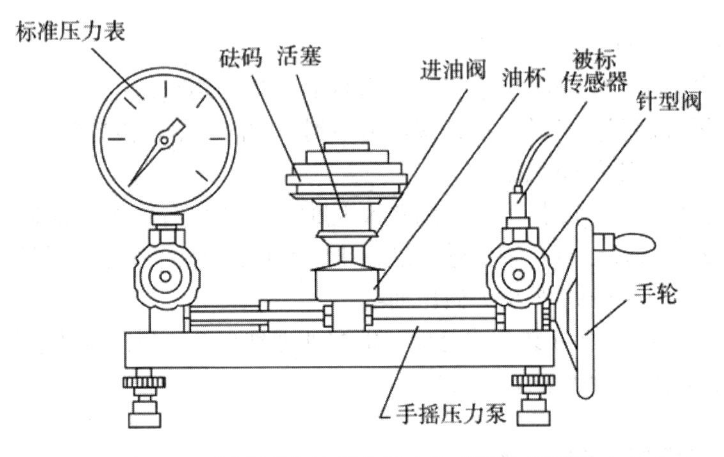

图2-13　活塞压力计标定压力传感器的示意图

活塞压力计是利用活塞和加在活塞上的砝码的重量所产生的压力与手摇压力泵所产生的压力相平衡的原理进行标定工作的，其精度可达±0.05%以上。

在实际测量的时候，通常会在现场标定整个系统的输出特性。直接用标准压力表读取所加的压力可以省去砝码加载的麻烦，使操作更加简便，测出整个系统在各压力下的输出电压值或示波器上的光点位移量h，得到图2-14所示的压力标定曲线。

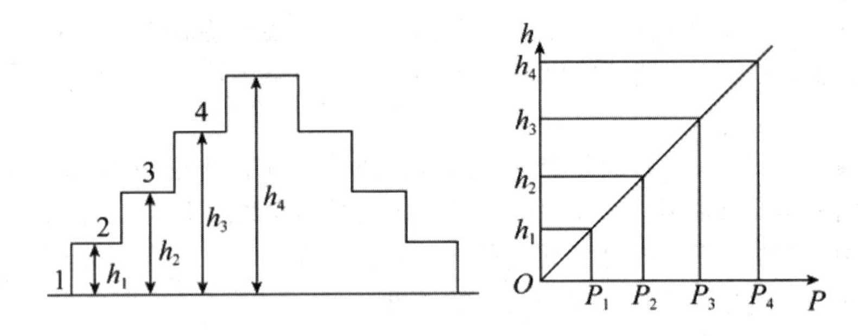

图2-14　压力标定曲线

由于活塞压力计的加载过程时间太长，很容易出现电荷泄露的情况，其测定的准确度受到很大的影响，所以上面的方法不适用于电式压力测量系统。杠杆式标定机或弹簧测力计式压力标定机是最常用的测量压电式测压系统的仪器。为了保障压力传感器处于正常工作状态，保证其测量的准确度，需要定期对传感器进行检测，且一年之内不得少于一次。

四、压力传感器的动态标定

对压力传感器进行动态标定时，首先需要加一个激励源，即一个特性已知的校准动压信号，这样做的目的是感知压力传感器的输出信号，此后才能通过这些信号测算其频率特征。因为能产生前沿坡度很陡接近理想阶跃函数的压力信号，所以激波管法成为了传感器在标定时应用最为广泛的一种方法。

（一）激波管法的特点

激波管法的特点是结构简单、操作方便、可靠性高，测量标定精度高，通常在4%～5%。

（二）激波管标定装置工作原理

图2-15是激波管标定装置系统原理图。激波管、入射激波测速系统、标定测量系统和气源共同组成了激波管标定装置。

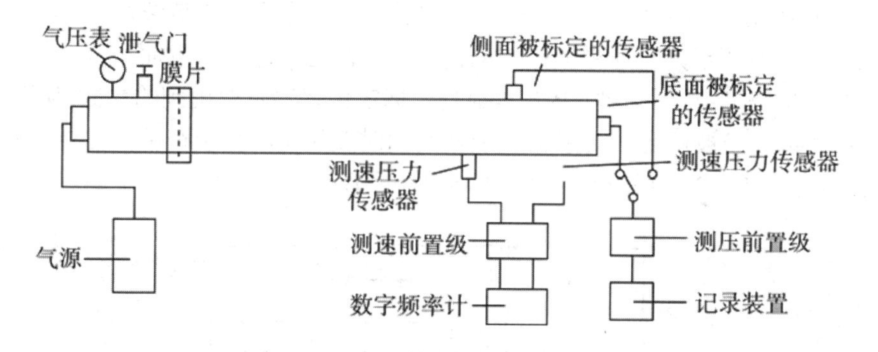

图2-15　激波管标定装置系统原理图

由高压室和低压室组成的激波管是产生激波的核心部分，激波压力的大小是随高压室和低压室之间铝制或者塑料的膜片变化而变化的。激波是由于标定过程中两室之间的压力差到达一定程度，膜片破裂使高压气体迅速膨胀冲入低压室而产生的。这样形成的激波的特性是波阵面压力一直不变，非常接近理想的阶跃波，同时以超音速冲向被标定的传感器。

图2-16中的衰减振荡是传感器按照固有频率在激波的作用下产生的、记录下显示的波形，传感器的动态特性就是由波形决定的。

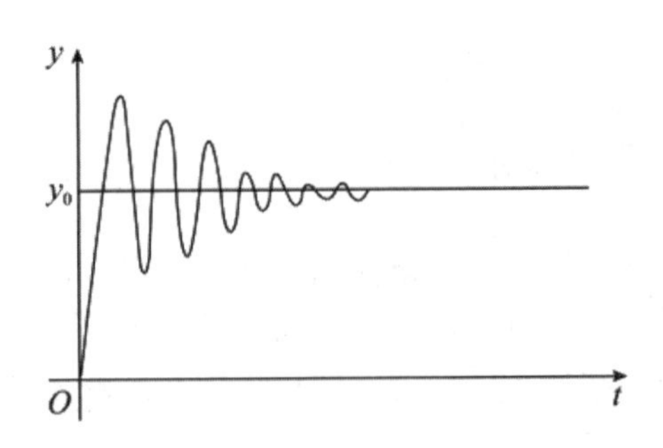

图2-16　被标定传感器的输出波形

（三）激波管的压力波动

激波管中的压力波动情况如图2-17所示。图2-17（a）所示为膜片爆破前的情况，P_4为高压室的压力，P_1为低压室的压力。图2-17（b）所示为膜片爆破后稀疏波反射前的情况，P_2为膜片爆破后产生的激波压力，P_3为高压室爆破后形成的压力，P_2和P_3的接触面称为温度分界面，分界面两侧的温度不同，但其压力值相等。稀疏波就是在高压室内膜片破碎时形成的波。图2-17（c）所示为稀疏波反射后的情况，当稀疏波波头达到高压室端面时便产生稀疏波的反射，称为反射稀疏波，其压力减小为P_6。图2-17（d）所示为反射激波的波动情况，当P_2到达低压室端面时也产生反射，压力增大为P_5，称为反射激波。P_2与P_5都是在标定传感器时要用到的参数，视传感器安装装置而定，当被标定的传感器安装在侧面时要用p_2，当装在端面时要用P_5，二者不同之处在于$P_5>P_2$，但维持恒压时间τ_5略小于τ_2。

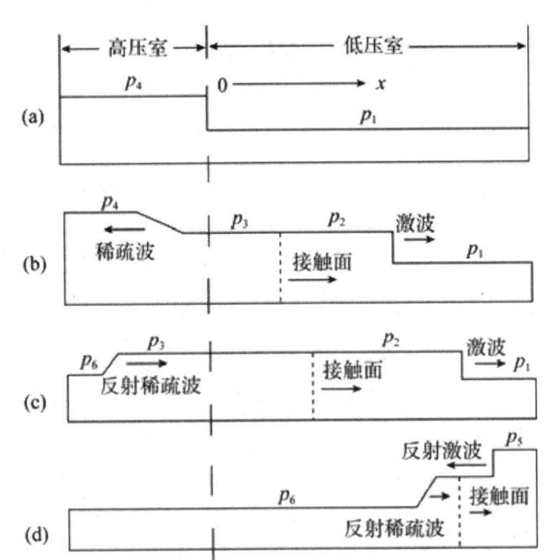

（a）膜片爆破前的情况；（b）膜片爆破后稀疏波反射前的情况；
（c）稀疏波反射后的情况；（d）反射激波的波动情况

图2-17　激波管中压力波动情况

第三章　固态图像传感器及应用

第一节　固态图像传感器与快门方式的工作原理与特性

固态图像传感器主要分为CMOS图像传感器和CCD图像传感器，他们的快门方式各不相同，并有其各自的优缺点。

一、CMOS图像传感器的组成、工作原理

典型的CMOS图像传感器由像素单元阵列及辅助电路构成。其中像素单元阵列主要实现光电转换功能，辅助电路主要完成驱动信号的产生、光电信号的处理、输出等任务。

（一）像素单元阵列

像素单元阵列是由光电二极管和MOS场效应管阵列构成的集成电路。像素单元阵列*X*和*Y*方向排列成方阵，方阵中的每一个单元都有它的*X*、*Y*方向上的地址，并可分别由2个方向的地址译码器进行选择；每一列像素单元都对应于一个列放大器，列放大器的输出信号分别与由X方向地址译码器控制的模拟多路开关相连。在实际工作中，CMOS图像传感器在Y方向地址译码器的控制下依次接通每行像素单元的模拟开关，信号通过行开关传送到列线上，再通过X方向地址译码器的控制，传送到放大器。输出放大器的输出信号由A/D转换器进行模数转换，经预处理电路处理后通过接口电路输出。

（二）CMOS图像传感器辅助电路

由于与电子CMOS工艺完全兼容，CMOS图像传感器可实现像素单元阵列、信号读出电路、信号处理电路和控制电路的高度集成。典型的CMOS图像传感器主要由像素单元阵列、水平/垂直控制和时序电路、模拟信号读出处理电路、A/D转换电路、数字信号处理电路和接口电路等构成。CMOS图像传感器的时序电路主要产生各种驱动和控制脉冲：模拟信号处理电路集成了自动增益控制（AGC），自动曝光补偿（AEC）、自动白平衡（AWB）、伽玛校正、背光补偿和自动黑电平校正等电路；数

字信号处理电路集成有彩色矩阵处理电路和全电视信号编码器，可输出标准的NTSC或PAL制式的全电视信号，可通过A/D转换电路实现数字图像输出，片上功能可通过I^2C接口电路控制。

（三）CMOS图像传感器的工作流程

由于CMOS图像传感器的组成部分较多而且较为复杂，这就需要使诸多的组成部分按一定的程序工作。为了实施工作流程，还要设置时序脉冲，利用它的时序关系去控制各部分的运行次序，并用它的电平或前后沿信号去适应各组成部分的电气性能。

CMOS图像传感器的典型工作流程如下。

1．初始化

初始化时要确定器件的工作模式，如输出偏压、放大器的增益、取景器是否开通等，并设定积分时间。

2．帧读出（YR）移位寄存器初始化

利用同步脉冲SYNC-YR，可以使YR移位寄存器初始化。SYNC-YR为行启动脉冲序列，不过在它的第一行启动脉冲到来之前，有一消隐时间，在此期间内要发送一个帧启动脉冲。

3．启动行读出SYNC-YR指令

可以启动行读出，从第一行（Y=0）开始，直到$Y=Y_{max}$止；Y_{max}等于行的像素单元减去积分时间所占用的像素单元。

4．启动X移位寄存器

利用同步信号SYNC-X，启动X移位寄存器开始读数，从X=0起，到$X=X_{max}$止；X移位寄存器存一幅图像信号。

5．信号采集

A/D转换器对一幅图像信号进行A/D数据采集。

6．启动下一行读数

读完一行后，发出指令，接着进行下一行读数。

7．复位

帧复位是用同步信号SYNC-YL控制的，从SYNC-YL开始至SYNC-YR出现的时间间隔便是曝光时间。为了不引起混乱，在读出信号之前应当确定曝光时间。

8．输出放大器复位

用于消除前一个像素单元信号的影响，由脉冲信号SIN控制对输出放大器的复位。

9．信号采样/保持

为适应A/D转换器的工作，设置采样/保持脉冲，该脉冲由脉冲信号SHY控制实现上述工作流程需要一些同步脉冲信号，这些脉冲信号按时序利用脉冲的前沿（或后沿）触发，确保CMOS图像传感器按事先设定的程序工作。

二、CCD的原理及优缺点

1969年秋，美国贝尔实验室W. S. Bovle和G. E. Smith受到磁泡，即圆柱形磁畴器件的启示，提出了CCD的概念。CCD是英文Charge Coupled Device的缩写，中文译为“电荷耦合器件”。在经历了一段时间的研究之后，建立了以一维势阱模型为基础的非稳态CCD理论并逐渐完善，发展成为一种新型的固体成像器件。它是在MOS晶体管电荷存储器的基础上发展起来的，所以有人说，CCD是“一个多栅MOS晶体管，即在源与漏之间密布着许多栅极、沟道极长的MOS晶体管”。因为CCD是在大规模硅集成电路工艺基础上研制而成的模拟集成电子芯片，所以它既具有光电转换的功能，又具有信号电荷的存储、转移和读出的功能。CCD从结构上讲，可以分为面阵CCD和线阵CCD。

CCD目前是许多仪器中的标准图像传感器件。然而在长期的应用过程中发现CCD器件存在着诸多缺点，如抗空间辐射的能力比较差、所需要的电源种类比较多、图像电荷须经串行顺序输出才能到达输出端、制造工艺复杂且无法与通用集成电路制造工艺兼容等。随着技术的不断发展，对仪器的姿态精度、体积、重量和功耗等技术指标提出了越来越高的要求。基于上述原因，CCD的设备电子学设计复杂，体积、功耗无法进一步减小。

三、CMOS图像传感器和CCD的比较

CCD和CMOS图像传感器作为固体图像传感器领域的竞争对手，两者在性能表现上各有优劣。

（一）灵敏度

灵敏度代表传感器的光敏单元收集光子产生电荷信号的能力。CCD图像传感器灵敏度较CMOS图像传感器高30%～50%。这主要是因为CCD像素单元耗尽区深度可达10nm，具有可见光及近红外光谱段的完全收集能力。CMOS图像传感器由于采用0.18～0.5mm标准CMOS工艺，且采用低电阻率硅片须保持低工作电压，像素单元耗尽区深度只有1～2mm，其吸收截止波长小于650nm，导致像素单元对红光及近红外光吸收困难。

（二）电子—电压转换率

电子—电压转换率表示每个信号电子转换为电压信号的大小。由于CMOS图像传感器在像素单元中采用高增益低功耗互补放大器结构，其电压转换率略优于CCD图像传感器。CCD图像传感器要达到同样的电压转换率需要付出进一步增大器件功耗的代价。

（三）动态范围

动态范围表示器件的饱和信号电压与最低信号阈值电压的比值。在可比较的环境下，CCD动态范围约较CMOS的高 2 倍。主要由于CCD芯片物理结构决定通过电荷耦合，电荷转移到共同的输出端几乎没有噪声，使得CCD器件噪声可控制在极低的水平。CMOS器件由于其芯片结构决定它具有较多的片上放大器、寻址电路、寄生电容等，导致器件噪声相对较大，这些噪声即使通过采用外电路进行信号处理、芯片冷却、采用好的光学系统等手段，CMOS器件的噪声仍不能降到与CCD器件相当的水平。CCD的低噪声特性是由其物理结构决定的。

（四）响应均匀性

由于硅片工艺的微小变化、硅片及工艺加工引入缺陷、放大器变化等导致图像传感器光响应不均匀。响应均匀性包括有光照和无光照（暗环境）2种环境条件。CMOS图像传感器由于每个像素单元中均有开环放大器，器件加工工艺的微小变化导致放大器的偏置及增益产生可观的差异，且随着像素单元尺寸进一步缩小，差异将进一步扩大，使得在有光照和暗环境2种条件下CMOS图像传感器的响应均匀性较CCD有较大差距。

（五）暗电流

标准CMOS图像传感器具有较高的暗电流，暗电流密度为1nA/cm^{2}量级，经过工艺最佳化后可降低到100pA/cm^{2}量级，而精心制作的CCD的暗电流密度为2～10pA/cm^2。

（六）电子快门

快门代表了任意控制曝光开始和停止的能力。CCD特别是内线转移结构具有优良的电子快门功能，由于器件可纵向从衬底排除多余电荷，电子快门功能几乎不受像素单元尺寸缩小的限制。

CMOS图像传感器在每个像素单元中需要一定数量的晶体管来实现电子快门功能，增加电子快门功能将增加像素单元中的晶体管数量，压缩感光区的面积。

因此其设计者采用在不同时间对不同行进行曝光的滚动快门方式解决此问题。这种方式减少了像素单元中的晶体管数，但在高性能应用中运动目标会出现明显的图像变形。此外可采用较大尺寸的像素单元以兼顾图像高性能和具有与CCD类似的同时曝光的电子快门功能。

（七）速度

由于大部分相机电路可CMOS图像传感器在同一芯片上制作，信号及驱动传输距离缩短，电感、电容及寄生延迟降低，信号读出采用X-Y寻址方式，CMOS图像传感器工作速度优于CCD。通常的CCD由于采用顺序传输电荷，组成相机的电路芯片有3～8片，信号读出速率不超过70Mpixels/s。CMOS图像传感器的设计者将模数转换（ADC）作在每个像素单元中，使CMOS图像传感器信号读出速率可达1000Mpixels/s。

（八）开窗口

CMOS图像传感器由于信号读出采用X-Y寻址方式，具有读出任意局部画面的能力，这使它可以提高感兴趣区域的帧或行频。这种功能可用于在画面局部区域进行高速瞬时精确目标跟踪。CCD由于其顺序读出伯号结构决定了它在画面开窗口的能力会受到限制。

（九）抗晕能力

抗晕能力指将过度曝光产生的多余电荷排出像素单元，不影响画面其他部分的能力。通常的CMOS的像素结构决定它具有自然的抗晕能力。CCD图像传感器需要特殊的结构设计才能具有抗晕能力。大多数商用CCD均具有抗晕能力，但高性能的科学级CCD由于其多用于弱信号探测，通常未设计抗晕结构。

（十）偏置与功耗

CMOS图像传感器通常在单一的较低外接信号偏置电压与时钟电平下工作，非标准电压偏置通过芯片内部转换解决。典型的CCD像感器需要几组较高的偏置电压才能工作，近期的CCD器件通过改进，其时钟工作电压降低到与CMOS相近，但其输出放大器偏压仍较高。

（十一）抗辐射性

由于CCD的像素单元由MOS电容构成，电荷激发的量子效应易受辐射线的影响，而CMOS图像传感器的像素单元由光电二极管构成，因此CMOS图像传感器的抗辐射能力比CCD大10余倍，有利于军用和强辐射应用。

四、卷帘式快门

CMOS数字相机具有2种快门模式：卷帘快门和同步（快照）快门。

在数字照相机中，图像是将来自目标的光线在固态CCD或CMOS图像传感器的感光区转化为电信号的，从强度和持续时间的长短来说，图像传感器所采集到的信号的强弱主要由照相机的光信号的强弱来决定的。因此，一个片子上的电子开关就应该能控制曝光量，在积分期间，象数会积累电荷。利用全局快门图像传感器时，整个图像在积分时就会被重建，每一个像素累积的电荷会同时转移到存储区，由于所有的像素都会在同一时间被重建，并且在同一间隔内结合起来，因此在图像中没有虚影。使用CMOS卷帘快门的图像传感器，图像上的像素列会有序的被重建，而且从顶部开始一排一排的过虑到底部，一旦像素被重建后，在一个时间延迟内，会以相同的速度被读取出来，在重建与读取的这段时间的延迟就是曝光时间。随着图像在一组传感器组中的移动，积分的开始与结束时间会发生转变，在这种情况下，如果目标在积分时间内运动，一些虚影就会出现，目标运动得越快，失真便会越大，卷帘快门的益处是读取和曝光时间不会重叠，而且还可以使所有帧在不降低帧频下全部显露出来。

（一）卷帘式快门的工作原理

这种快门之所以被称为卷帘式快门，是因为它的作用效果类似于单反胶片相机的卷帘快门，虽然这是一种纯电子操作，但是其效果就是像在图像上滑过一样。卷帘快门在CMOS传感器中很容易实现。2个列方向移位寄存器，一个寄存器指向当前正被读出的行，另一个指向正被复位的行。2个寄存器的指针在同一个列时钟下同向扫过整个焦平面，每一行的积分时间就由2个指针之间的延迟决定。每一行以连续的方式做读出和复位。积分时间对于所有行都是一样的，只是时间上是顺次推移的。积分时间可以通过设定积分时间寄存器（INT_Time register，设定行数）来改变积分时间。由于所有的像元不是在同一时间感光，所以在捕捉运动物体时可能会导致图像模糊。

下面以IBIS5-A-1300型图像传感器为例，说明卷帘式快门的具体工作原理。当传感器被设定为卷帘式快门时，输入管脚SS_START和SS_STOP必须被置低。

在这种模式下一帧的周期可以按下式计算：

Frame period（帧周期）=[Nr. Lines×（RBT+pixel period×Nr. Pixels）]　（3-1）

其中，Nr. Lines代表每一帧读出的行数（Y方向）；Nr. Pixels代表每一行读出的像素单元数（X方向）；RBT代表行空白时间（Row Blanking Time）典型值为3.5μs；Pixel period为1/40MHz=25ns。

在最高分辨率下以标称速度（40MHz像元速率）：

Frame period=[1024×（3.5μs+25ns×1280）]=36.4ms=>27.5fp　（3-2）

（二）卷帘式快门的特点

卷帘式快门模式的特点是工作时有2个y方向的寻址寄存器，一个指向正在被读出的行，另一个指向正在被复位的行，这2个寻址寄存器在同一时钟频率下逐行移位并扫过整个像平面，图像传感器每行像素的积分时间相同，由2个寻址寄存器脉冲之间的时间延迟来决定。x方向的移位寄存器用来指向正被读出的列，每行数据依次被读出并复位。

卷帘式快门模式在行开始信号Y_START的高电平下开始工作，此时y方向上的寻址读取寄存器开始移位，每经过一个Y_CLOCK脉冲，计数器计数，寄存器指针指向新的一行，在PIXEL_VALID信号的高电平时读取该行图像数据，当计数与积分时间寄存器的值相等时，TIME_OUT信号产生高电平，启动y方向上的寻址复位寄存器开始工作，对寄存器指针所指向的像素行进行复位，此后2个寻址寄存器保持同步移动，依次扫过整个像平面。因此，像平面的总行数与积分时间寄存器数值的差值为图像传感器像素的实际积分时间。

五、同步式快门

（一）同步式快门的工作原理

同步快门克服了卷帘快门的缺点。在这种快门模式下，所有像素单元的光积分同时并行进行，随后分别按顺序读出。

同步快门的积分和读出操作顺序。所有的像素单元在同一段时间进行感光，在积分结束并且所有像素单元电压值都被采样到每个像素单元内的存储结点后，整个感光核心同时复位，然后将积分值逐行读出。注意到积分和读出的循环是顺序进行的，所以读出的同时不能进行积分。

当进行同步快门操作时，输入管脚SS_START和SS_STOP用来启动和停止同步快门。

同步快门模式下的帧周期可以按下式计算：

Frame period=Tint+Tread out

=Tint+[Nr. Lines×（RBT+pixel period×Nr. Pixels）]　　（3-3）

其中，Tint代表积分（曝光）时间，Nr. Pixels代表每一行读出的像素单元数（X方向）：RBT代表行空白时间（Row Blanking Time）典型值为3.5μs；Pixel period为l/40MHz=25ns。

在最高分辨率下以标称速度（40MHz像元速率），积分时间设为1ms：

Frame period=1ms+[1024×(3.5ns-25ns×1280)]=37.4ms=>26.8fps　　（3-4）

（二）同步式快门的特点

与卷帘式快门模式不同，CMOS图像传感器处于同步式快门工作模式时，所有像素在同一时间被复位并处于光敏感状态，经过一段积分时间后，所有像素被锁定，像素值被一行行依次读出。

在IBIS5-A-1300型图像传感器同步式快门工作模式中，SS_START信号控制同步式快门的开启，图像传感器的反馈信号TIME_OUT产生高电平表示各像素已到达指定的积分时间，SS_STOP信号控制同步式快门的结束，它与SS_START之间的时延决定了传感器像素的实际积分时间。图像各像素被锁定后，Y_START信号启动图像数据的读取工作，Y_CLOCK信号为行时钟，表示新的一行数据准备读取，首先经过一段行消隐时间，图像传感器反馈的PIXEL_VALID信号为高电平，该行像素数据被依次读出，直至计数器指示读取完毕，PIXEL_VALID信号变低，传感器的读取指针在Y_CLOCK的脉冲输入下指向图像的下一行数据。Y_CLOCK每输出一个脉冲，行计数器增加1，直至最后一行，此时LAST_LINE信号输出高电平，指示该幅图像数据即将读取完毕。

六、CCD图像传感器的电子快门

通常CCD图像传感器都会提供电子快门机制。在带有电子快门的CCD图像传感器中，整个图像传感器芯片在光积分开始前整体同时复位，然后所有的光电二极管开始积聚电荷并持续一段时间。在积分过程结束时，所有的光生电荷同时经转移栅传送到和暂存栅，然后顺序读出。通常称这种快门方式为全局快门或同步快门（global shutter or snap-shot shutter）。

七、两种快门模式的比较

IBIS5-A-1300型CMOS图像传感器的2种快门模式具有不同的内部像素结构。卷帘式快门采用有源图像传感器常用的三晶体管结构，同步式快门内部电路结构具有一个锁定像素值的记忆单元，比卷帘式快门复杂，采用四晶体管结构。图3-1给出了卷帘式快门的像素结构图。

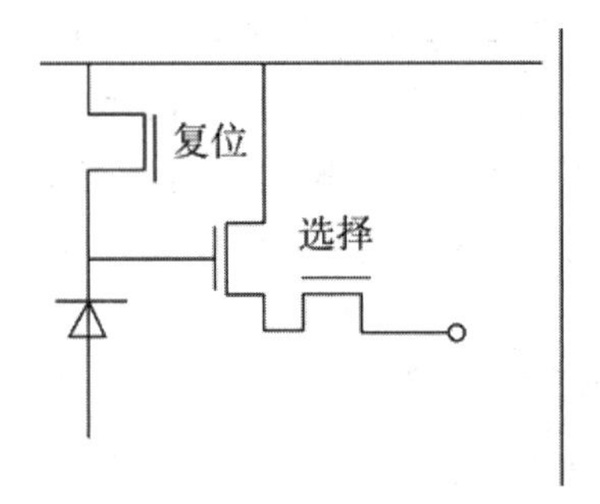

图3-1　卷帘式快门像素结构图

根据像素结构图可知，MOS晶体管“reset”用于像素点的复位，光敏二极管产生的光电流在电容C上累积电荷，并被读取至列放大器。2种像素结构的不同在于同步式快门的光敏二极管和电容之间多一个MOS晶体管“sample”，该MOS晶体管在同步式快门积分时间到达时开启，用于在像素读取之前锁定电容上的累积电荷。而卷帘式快门在像素结构上不具有锁定功能，电容上的电荷在累积过程中即被读出，像素的读取和复位同时进行，比较适合图像的连续获取，但是由于像素点始终处于感光状态，因此在对快速运动物体的捕获时会产生模糊。同步式快门像素结构的特点可以避免这类问题，其像素点的积分和读取时间是分开的，因此像素点在被读出时不再具有感光性，即使在捕获快速移动物体时也不会产生模糊现象。此外，由于MOS晶体管“sample”的开关可控，同步式快门模式可支持像素点的多重积分，比卷帘式快门模式具有更高的动态范围。

然而，在同步式快门模式的像素结构中，由于电容通过MOS晶体管与二极管相连，获取的累计电荷易受寄生光敏性的影响，在积分时间到达且像素读取前的时间内，锁定后的电荷会受到寄生光电流的改变。像素点积分和读取时间的分开也降低了图像获取的效率，增大了电荷采样信号的噪声，其图像帧速和信噪比均低于卷帘式快门模式。

根据FillFactory公司IBIS5-A-1300图像传感器卷帘式和同步式快门模式的不同特点，可对其工作模式进行选择以适用于不同的场合。在对快速运动物体的捕获或对动态范围要求较高时可采取同步式快门模式，而在保持图像的连续性和获取高信噪比时可采取卷帘式快门模式。

第二节　卷帘式快门的应用研究

一、卷帘式快门相机的模型

这部分描述了一个有关卷帘式快门相机的方程式。将展示相机从平行的方向发生向前平行运动所成的投影平面的影响，并且提出一个不依赖于时间的投影方程式。这种方式解释为X缝隙的相机（意味着代替一个针孔投影模型的相机，而这个相机是双缝隙的投影模型）由确定的运动类型扫描。

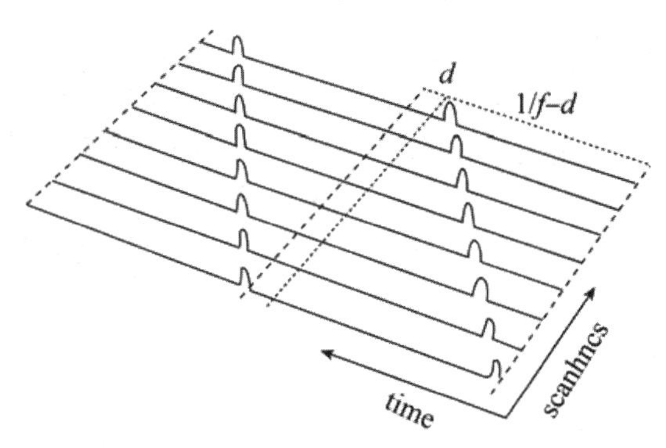

图3-2　曝光过程图

我们以MDCS火线相机的操作为例开始描述，它是一个由Videre设计公司生产的卷帘式快门相机。火线总线有一个运行在8kHz的时钟，因此相机能够以每秒8000个的数据包传送数据。IIDC数字相机说明书上要求在火线上传输的各帧应该等于8000数据包的传输速率。MDCS相机没有足够大的板上缓存来存储一整个帧，因此当从扫描行上读到数据时就尽快发送出去。扫描行继续曝光，读进，立即传送到总线上，这样一帧的总曝光时间就与帧频成反比。帧频（f帧/s），一个扫描行的曝光长度（eμs），扫描行曝光速率（r行/μs），以及帧间延迟（dμs）是可变的，它控制扫描行的曝光。所有的e，r，d通常将依赖于相机的帧频，即f。图3-1为一组扫描行曝光的过程。我们假设曝光时间在扫描行的瞬时时刻，也就是图3-2显示的带有零宽度却结合了一些非零常量的最高点。e的影响是在扫描行中存在非零的运动点，而没有几何影响。

卷帘式快门相机每个像素行按照时间的推移连续扫描而形成一幅图像。我们假设一帧开始于t_0时刻，行指针作为一个时间函数表示为：

$$v_{\mathrm{cam}}(t_0+t)=rt-v_0 \tag{3-5}$$

r是行/μs的速率，v_0是第一个曝光扫描行的指针。r取决于传感器是从顶到底扫描还是从低到顶扫描。现在我们假设t_0=0。

对于一个理想的透视相机，点的投影以时间为函数使用透视相机方程式决定：

$$q(t)-\pi(P(t)X) \tag{3-6}$$

X=（x，y，z，1）属于P^3表示空间里相似的静态点；P（t）是以时间为函数的相机矩阵：P（t）=K[R（t）T（t）]和π（x，y，z，1）=（x/z，y/z）。在这里，R（t）是三维定向旋转空间里的元素，T（t）属于R^3，因此V（t）=-R（t）T（t）是相机在t时刻视野坐标系统的视点；并且K是一个上三角标度矩阵。图3-3展示了这个结构。

从得到的图象中我们设X为（u，v），它必须满足：

$$\pi_y[P(t_c)X]=rt_c-v_0=v \tag{3-7}$$

对于t_c时刻，π_y表示为映射π上的y轴部分。方程式（3-7）就是卷帘式快门的常规约束。式子左边表示映射点随着时间推移形成的曲线，式子右边表示以时间为函数的扫描行。扫描行在某时刻如捕获映射点形成的曲线。

如果相机是固定的，也就是P（t）不依赖于t，方程式（3-7）的左边与时间无关，所以图象中的X与t_c无关，并且映射结果通常是透视的。然而，通常相机是移动的，并且映射的结果在一些情形中与t_c有关。对于一定的P（t）我们能够代入t_c来分析，代入t_c到等式（3-7）左边获得一个投影式。狭义部分的目的是在一般情况下得到明确的投影。

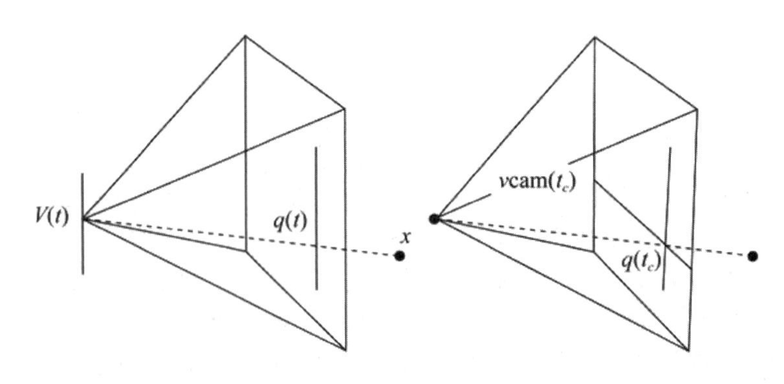

图3-3　投影图

（一）向前平行运动

假设一个标定相机以一定的角速度ω和线速度v运动。一个近似线性的P（t_c）给出如下：

$$P(t_c) \approx K[(I+t_c\omega)R(0)T(0)+vt_c] \tag{3-8}$$

当ω=0时，也就是没有角速度的时候，严格线性；否则近似线性。让我们分析匀速向前运动，即$v=[v_x, v_y, 0]^T$，$\omega=[0, 0, \omega_z)]^T$代入（3-9）中，即卷帘式快门的约束，在$t_c$产生一个线性等式。假设非一般性的情况，即$R(0)=I$，$T(0)=[0, 0, 0]^T$，$K=I$，在把$t_c$的解代回到$q(t_c)$，我们得到：

$$q_{\text{rolling shuttor}}=(t_c)=\begin{matrix}\dfrac{x}{z}+\dfrac{y+v_0z}{(rz-v_y-w_zx)}\dfrac{(v_x-w_zy)}{z}\\ \dfrac{y}{z}+\dfrac{y+v_0z}{(rz-v_y-w_zx)}\dfrac{(v_y+w_zx)}{z}\end{matrix}=q(0)+q_{\text{correction}} \tag{3-9}$$

图像中一帧的点（x，y，z）在t=0时刻卷帘式快门相机拍摄。如果ω=0，那么这个方程式是准确的。因此，对于一个带有卷帘式快门的相机，我们会得到一个不依赖于时间的投影方程式。我们给出这个投影方程式来表示卷帘式快门带来的明显影响，也就是映射结果等于透视投影加上一个修正项，即与透视相机的光流$[\dfrac{(v_x-w_zy)}{z},\dfrac{(v_y+w_zx)}{z}]^T$成比例。注意以$r$速率扫描，到达∞，修正项变为$[0, 0]^T$，相当于相机使用全局式瞬时快门。

因此，带有卷帘式快门的相机变成一个在投影几何学上以速度为参数的相机。当固定之后，相机服从针孔映射模型。然而，当相机做匀速线性运动时，相机就可以认为是十字缝隙相机。对于任意点（u，v）我们转化为未知的z，并且证明所有的转化原像都在2条线上：第一条线通过（0，0，0）和（v_x，v_y，0）；第二条线通过（±1，v_0v_y/r，v_y/r）点，当v_x和v_y接近零时，这2个缝隙在点（0，0，0）。

二、卷帘式快门照相机的应用

针孔照相机的内部参数定义为：

$$k=\begin{bmatrix} a_u & 0 & u_0 \\ 0 & a_v & v_0 \\ 0 & 0 & 1 \end{bmatrix} \tag{3-10}$$

令$P=[X, Y, Z]^T$为物体坐标系的三维坐标，R和T分别是目标和相机图片之间的转动符号和位姿矢量，令$m=[w, v]^T$是P在图像上的投影，令$\tilde{m}=[m^T, 1]$，$\tilde{P}=[P^T, 1]^T$，则P与m间的关系为：

$$s\tilde{m}=k[RT]\tilde{P} \tag{3-11}$$

S是随机比例因子，注意到在此并未出现透镜失真参数，但在校准过程中会获得，而且在纠正图像数据中应把它考虑进去。

假设，已知一个目标的$P_i=[X_i\ Y_i\ Z_i]$，角速度和线速度分别是$\Omega=[\Omega_x\ \Omega_y\ \Omega_z]^T=[V_x, V_y, V_z]^T$，在$t_0$时刻被卷帘快门照相机拍摄下来，$t_0$表示传感器的最顶部受光的瞬时时刻，从$P_i$出发的光在延迟时间$T_i$内被收集，正如图3-4所示，$T_i$是照过$P_i$发出的光线所必须的一个曝光时间，因此，为了得到$P_i$的映射$m_i=[u_i, v_i]^T$，目标的位姿参数必须在$T_i$时间内由方程3-11被纠正过來，因为所有的行都有着相同的曝光和积累时间，我们可令$T_i=TV_i$，T是2个图像行曝光的时间间隔，因此$T=f_p/V_{max}$，其中f_p是帧周期，V_{max}是图像的高度，假设T_i非常的小，则方程3-11可以被写成

$$s\tilde{m}=K[(I+\tau v_i\hat{\Omega})RT+\tau v_i V]\tilde{P}_I \tag{3-12}$$

上式中的R和T表示目标在t_0时刻的瞬时旋转矩阵和位移向量，$\hat{\Omega}$是矢量Ω反对称矩阵，I是3×3的单位矩阵，方程3-12是关于由卷帘快门照相机所拍摄的目标的三维空间中的位姿、速度和参数T的表达式，在方程的两边都包含了未知数v_i，这是因为图像中映射点的坐标不仅取决于物体的运动而且也取决于图像传感器的扫描时间。此方程可以把v_i作为中间变量来解答，通过对v_i的代入便可得到u_i。

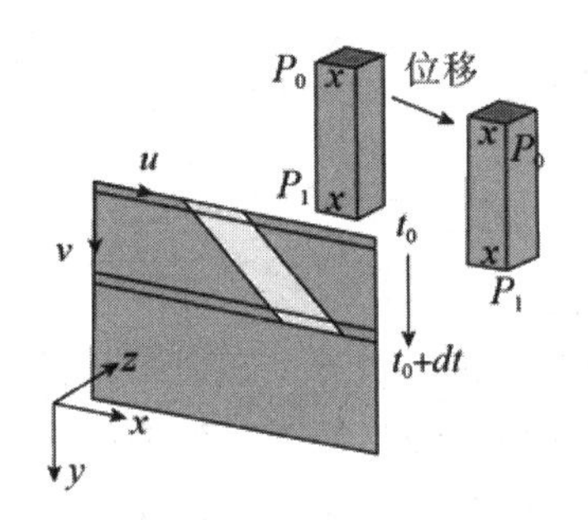

图3-4　投影模型

三、计算运动目标的瞬时位姿和速度

在这一部分，我们假设将运动目标的三维空间的P_i映射为由卷帘快门照相机所拍摄的二维空间中的m，我们想利用由三维映射到二维的方法来计算目标在t_0时刻的位姿和速度，方程3-12中的比例因子可以由下面的式子得出：

$$u_i=a_u\frac{(R_1-\tau v_i\hat{\Omega}_1)p_i-T_x-\tau v_i V_x}{(R_3-\tau v_i\hat{\Omega}_3)p_i-T_z-\tau v_i V_z}+u_0=\xi_i^{(u)}(R,T,\Omega,V)$$

$$v_i=a_V\frac{(R_2-\tau v_i\hat{\Omega}_1)p_i-T_x-\tau v_i V_x}{(R_3-\tau v_i\hat{\Omega}_3)p_i-T_z-\tau v_i V_z}+V_0=\xi_i^{(V)}(R,T,\Omega,V) \tag{3-13}$$

式中的R_i和$\hat{\Omega}_i$分别表示R和Ω的第i行，左边减去右边，并且将u_i和v_i代入，则方程可以被看成是关于位姿和速度参数的误差函数：

$$u_i - \xi_i^{(u)}(R,T,\Omega,V) = \varepsilon_i^{(u)}$$

$$v_i - \xi_i^{(v)}(R,T,\Omega,V) = \varepsilon_i^{(v)} \tag{3-14}$$

我们应得出（R，T，Ω，V）来化简下列的误差函数：

$$\varepsilon = \sum_{i=1}^{n}\left[u_i - \xi_i^{(u)}(R,T,\Omega,V)\right]^2 + \left[v_i - \xi_i^{(v)}(R,T,\Omega,V)\right]^2 \tag{3-15}$$

这种带有12个未知数的方程，在得到至少6个有效数的情况下，可以用最佳非线性最小二乘法来解答。这可以被看作是一个带有校准照相机的光束纠正器，注意到，在我们的计算中，旋转矢量R常用q（R）来代替，因此，我们可以令q（R）=1，并将看成是一个已知方程，很明显，这种非线性的算法只能用初设解来趋近于它的准确解。

用卷帘快门相机观察一个移动的多面体，它的直边预计到形象作为曲线轮廓。假设有N个直边，其定义是在对象范围内，他们的方向向量L_k，与一套弯曲的形象轮廓l_k匹配。考虑一个在L_k上的任意一点M_{k0}，任何其他点M_{ki}对后者的优势可以表现在该对象框架如下：

$$M_{ki}=M_{k0}+\sigma_{ki}L_k \tag{3-16}$$

因此，每个像素对曲线可以写成以下投影方程：

$$sm_{ki}=K[R\delta R_iT+\delta T_i]（M_{ki}+\sigma_{ki}L_k） \tag{3-17}$$

这意味着每个像素的等高收益率一对约束的形式：

$$u_{ki}=\alpha_u\frac{R_{1i}(M_{ki}-\alpha_{ki}L_k)-T_{xi}}{R_{3i}(M_{ki}-\alpha_{ki}L_k)-T_{zi}}+u_0$$

$$v_{ki}=\alpha_u\frac{R_{2i}(M_{ki}-\alpha_{ki}L_k)-T_{yi}}{R_{3i}(M_{ki}-\alpha_{ki}L_k)-T_{zi}}+v_0 \tag{3-18}$$

这很明显，相匹配的三维直边与一图像曲线并没有告诉我们每一个轮廓像素相应的三维边缘点。换言之，σ_{ki}的值是未知之数。因此，方程（3-18）可表示为：

$$u_{ki}=\xi_{uki}（R，T，\Omega，\alpha，V，\Sigma）$$

$$v_{ki}=\xi_{vki}（R，T，\Omega，\alpha，V，\Sigma） \tag{3-19}$$

这里Σ是所有参数σ_{ki}的向量。

考虑到m像素的观测值$\left[\hat{u}_{ki},\hat{v}_{ki}\right]$对每n个图象曲线上匹配成直线，并比较它们与理论预测利用（3-17），我们获得一个n×m方程系统代表该反投影的误差：

$$\varepsilon_{\mathrm{ki}}=\begin{bmatrix}\hat{u}_{ki}-\xi_{uki} & (R,T,\Omega,\alpha,V,\Sigma)\\ \hat{v}_{ki}-\xi_{vki} & (R,T,\Omega,\alpha,V,\Sigma)\end{bmatrix} \tag{3-20}$$

从上式看出，这是一种价值函数应用在最小二乘法的判断用来表示构成和速度参数R，T，Ω，α，V，Σ：

$$\varepsilon=\sum_{k=1}^{n}\sum_{i=1}^{m}\left[\hat{u}_{ki}-\xi_{uki}(R,T,\Omega,\alpha,V,\Sigma)\right]^2+\left[\hat{v}_{ki}-\xi_{vki}(R,T,\Omega,\alpha,V,\Sigma)\right]^2 \tag{3-21}$$

这是使用该算法方程（3-18）的最小价值函数。

在非线性最小化算法中，让y作为在方程（3-19）左边的图像投影向量，x为位姿向量，速度和多余参量=[R，T，Ω，α，V，Σ]，2个向量之间的关系表示为y=（x）。给定一系列的干扰观测值$\hat{y}$，我们想要接近$\hat{x}$值，以便误差值$\hat{e}$在$\hat{y}=\xi(\hat{x})+\hat{e}$中最小。最小化从最初的猜想$x_0$开始，并通过反复在$\hat{x}$中应用变量$\delta$迭代来更新。大概通过假设$\xi$局部线性来实现，任意一个可以写做$\xi$（$x_0+\delta$）$=\xi$（$x_0$）$+J\delta$，其中$J$是$\xi$（$x$）的雅可比矩阵。这意味着解决每一个迭代的正规方程式如下：

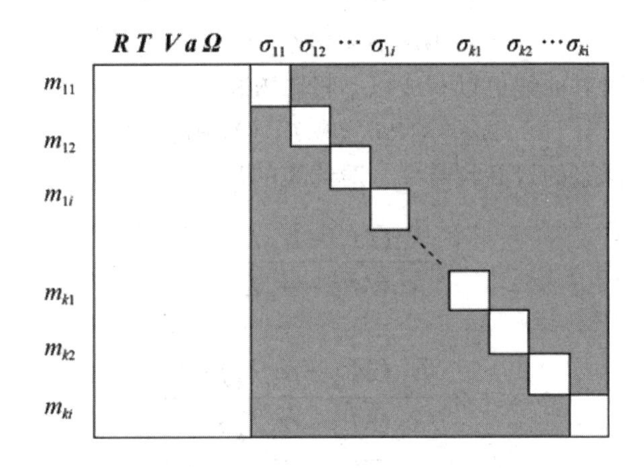

图3-5　雅可比矩J的结构

$$J^TJ\delta=J^Te \tag{3-22}$$

在我们的例子中，雅可比矩阵是稀疏矩阵，由于每一个图像像素m_{ki}在相配的轮廓上依赖于位姿和速度参数P=[R，T，Ω，a，V]，但是仅仅在它拥有多余参量σ_{ki}时才有效。因此$\frac{\partial m_{ki}}{\partial \sigma_{1j}}\neq 0$，但仅当$k$=1，并且$i$=$j$时为零。这个对于J的结构结果在图3-5中，轮流引起J^TJ模式的插图在图3-6中：

$$U_{p,q}=\sum_k\sum_i(\frac{\partial m_{ki}}{\partial p_p})(\frac{\partial m_{ki}}{\partial p_q}) \tag{3-23}$$

$$V_{p,q}=\sum_k\sum_i(\frac{\partial m_{ki}}{\partial \Sigma_p})(\frac{\partial m_{ki}}{\partial \Sigma_q}) \tag{3-24}$$

$$W_{p,q}=\sum_k\sum_i(\frac{\partial m_{ki}}{\partial p_p})(\frac{\partial m_{ki}}{\partial \Sigma_q}) \tag{3-25}$$

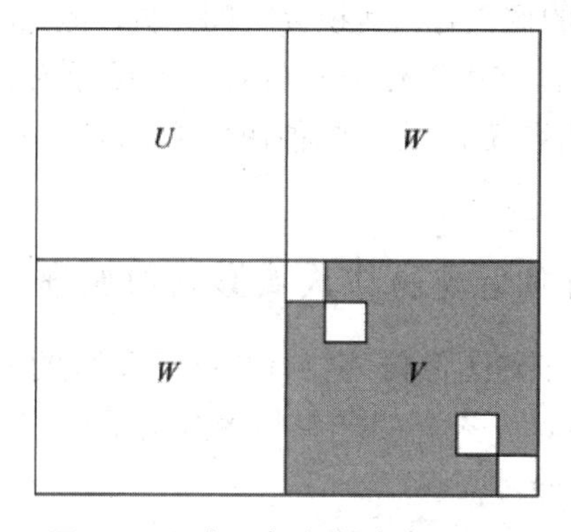

图3-6　J^TJ在正规方程式中的结构

一个相似的结构在很多调整器中使用，例如在文献中，为了减少解决正规等式的计算成本，通过把它重写为如下表示：

$$\begin{bmatrix} U & W \\ W^T & V \end{bmatrix}\begin{bmatrix} \delta_P \\ \delta_\Sigma \end{bmatrix}=\begin{bmatrix} E_p \\ E_\Sigma \end{bmatrix} \tag{3-26}$$

这里δ_P和δ_Σ分别包含P和Σ的小变化。E_P和E_Σ组成正规等式（3-27）右边的向量。他们的组成定义如下：

$$E_{Pq}=\sum_k\sum_i(\frac{\partial m_{ki}}{\partial \Pi_q})\in ki \tag{3-27}$$

$$E_{\Sigma q}=\sum_k\sum_i(\frac{\partial m_{ki}}{\partial \Pi_q})\in ki \tag{3-28}$$

等式（3-26）可以被重写为如下形式：

$$\begin{bmatrix} U-WV^{-1}W^T & 0 \\ W^T & V \end{bmatrix}\begin{bmatrix} \delta_p \\ \delta_\Sigma \end{bmatrix}=\begin{bmatrix} E_p-WV^{-1}E_\Sigma \\ E_\Sigma \end{bmatrix} \tag{3-29}$$

上式可被分解成2个非开的方程式系统如下：

$$(U=WV^{-1}W^{T})\ \delta_P=E_P-WV^{-1}E_\Sigma \tag{3-30}$$

$$\delta_\Sigma=V^{-1}\ (E_\Sigma-W^{T}\delta_P) \tag{3-31}$$

等式（3-30）可以很有效地被解决，因为V是对角线上的元素。等式（3-31）通过式（3-30）的结果解决。

四、卷帘式快门成像影响

在具有卷帘式快门的CMOS图像传感器中，每一行的像素曝光时刻和积分时间是相同的；但是对于不同的像素行，其积分时间相同，但是曝光时刻却有先后差别。在对高速运动物体成像时，这种工作方式就会导致目标的成像失真。对于基于图像处理方式的各种精密检测系统来说，这种快门方式对检测精度的影响是不容忽视的，需要进行认真考虑。

（一）卷帘式快门对运动物体成像影响的原理

如果成像物体在与CMOS图像传感器行扫描相垂直的方向上有运动分量，则扫描得到的图像将会出现失真，失真的严重与否取决于物体移动的快慢程度和CMOS图像传感器的每行像素积分时间。

（二）卷帘式快门影响分析

影响卷帘式快门工作特性的参数主要有每行像素的曝光时间、图像传输帧频等，下面讨论影响卷帘式快门的主要因素并对卷帘式快门的影响过程进行分析。分析虽然是以OV7620CMOS图像传感器为基础，但其讨论方法和结果可适用于其他采用卷帘式快门的CMOS图像传感器。

OV7620的各种参数设置均可以通过I^2C总线进行，其内部共有70个寄存器，分别可以对传感器的快门方式、积分时间、AD转换器工作特性、伽马校正和开窗口位置、输出数据格式、帧频、像素时钟等参数进行设置。其中对像元积分时间有直接影响的寄存器是曝光量控制寄存器、时钟预分频器寄存器和帧频调整寄存器。

卷帘式快门对所成图像质量的影响可以分为2个方面：即变形程度和倾斜程度。由于卷帘式快门工作时，传感器像面上的像素不能同时感光，而是由上自下逐步感光。因此，当物体运动方向与卷帘式快门运动的方向相反时，运动物体就产生了加速度；2个运动方向相同时运动物体就产生了减速度，于是便会出现运动物体影像变短或变长的变形现象。在物体运动速度一定的情况下，帧频越高，即行周期越短，则所成图像的倾斜程度就越小；同样，物体运动速度一定、帧频一定，则曝光周期越长、所成图像变形越严重。

第四章　超声波传感器及应用

第一节　超声波检测原理

一、声波的分类

声波是指人耳能够听到的，频率在16Hz～20kHz之间的机械波，图4-1所示为声波的频率界限图。

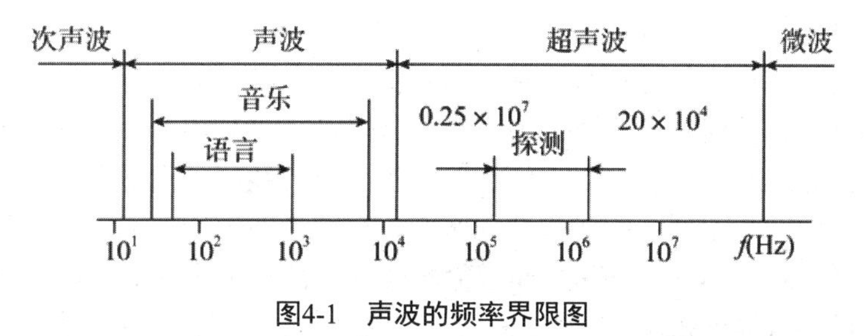

图4-1　声波的频率界限图

人耳能够感受到的机械波，当它的振动频率在16Hz～20kHz时，称为可闻声波；频率低于16Hz的机械振动，称为次声波，但许多动物却能感受到，例如地震发生前的次声波就会引起许多动物的异常反应；频率在3×10^8～3×10^{11}Hz的机械振动，称为微波；频率高于20kHz的机械振动，称为超声波。超声波有许多不同于可闻声波的特点。例如，它的指向性很好，能量集中，因此穿透本领大，能穿透几米厚的钢板，而能量损失不大。在遇到2种介质的分界面（如钢板和空气的交界面）时，能产生明显的反射和折射现象。

二、超声波的波形与波速

根据声源在介质中施力方向与波在介质中传播方向不同，其波形可分为纵波、横波即表面波3种。

纵波即质点的振动方向与波的传播方向一致的波。它能在固体、液体和气体介质中传播；为了测量各种状态下的物理量，应多采用纵波。

横波为质点的振动方向垂直于传播方向的波。它只能在固体介质中传播。

表面波为质点的振动介于纵波和横波之间，沿着表面传播，振幅随深度增加而迅速衰减的波。表面波随深度增加衰减很快，质点振动的轨迹是椭圆形。质点位移的长轴垂直于传播方向，质点位移的短轴平行于传播方向。表面波只在固体的表面传播。

纵波、横波及其表面波的传播速度取决于介质的弹性常数及介质密度，气体中声速为344m/s，液体中声速为900～1900m/s。超声波的频率越高，与光波的某些性质越相似。

超声波在气体和液体中传播时，由于不存在剪切应力，所以仅有纵波的传播，其传播速度为：

$$s=(\rho A_g)^{-0.5} \tag{4-1}$$

式中，ρ——介质的密度；

A_g——绝对压缩系数。

ρ、A_g都是温度的函数，使超声波在介质中的传播速度随温度的变化而变化。

三、反射和折射现象

当超声波以一定的入射角从一种介质传播到另一种介质的分界面上时，一部分能量反射回原介质，称为反射波：另一部分能量则透过分界面，在另一介质内连续传播，称为折射波或透射波。举例说明，即当一束光线照到水面上时，有一部分光线会被水面所反射，而剩余的能量射入水中，但前进的方向有所改变，称为折射。入射角α与反射角α_r以及折射角β之间遵循类似光学的反射定律和折射定律：入射角与反射角、折射角的正弦比=入射波速与反射波速之比。

如图4-2所示。如果入射波的入射角α足够大时，将导致折射角β=90°，则此时的折射波只能在介质表面传播，折射波将转换为表面波，这时的入射角称为临界角。如果入射声波的入射角α大于临界角，将导致声波的全反射。

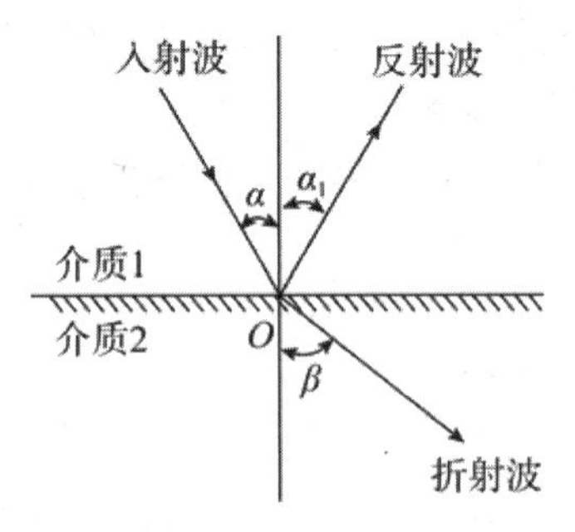

图4-2　超声波的反射和折射

四、声波传播中的衰减

超声波在这样的介质中传播时，在众多的晶体表面或缺陷界面会引起散射，这是由于多数介质中都含有微小的结晶体或不规则的缺陷，从而使沿入射方向传播的超声波声强下降。其次，由于介质的质点在传导超声波时，存在弹性滞后及分子内摩擦，它将吸收超声波的能量，使其转换成热能；又由于传播超声波的材料存在各向异性结构，使超声波发生散射。

声波在介质中传播时，随着传播距离的增加，声强逐渐衰减，其衰减的程度与声波的扩散、散射及吸收等因素有关。其声压和声强的衰减规律为：

$$P_x=P_0e^{-\alpha x} \tag{4-2}$$

$$I_x=I_0e^{-2\alpha x} \tag{4-3}$$

式中，P_x为平面波在x处的声压；I_x为平面波在x处的声强；P_0为平面波在x=0处的声压；I_0为平面波在x=0处的声强；x为声波与声源间的距离；α为衰减系数，单位为Np/cm。

介质中的声强衰减与超声波的频率及介质的密度、晶粒粗细等因素有关。晶体颗粒的体积或密度越小，衰减越快；频率越高，衰减也越快。气体的密度很小，因此衰减较快，尤其在频率高时衰减更快，故在空气中传导的超声波的频率选得较低，约数10kHZ，而在固体、液体中则选用频率较高的超声波。

第二节　超声波传感器

超声技术是以物理学、电子学、机械及材料科学为基础，应用十分广泛的通用技术之一。对提高产品质量、保障生产安全和设备安全运行、降低生产成本、提高生产效率等具有重要的意义。目前，超声波技术被广泛应用于冶金、船舶、机械、医疗等各个工业部门，例如超声清洗、超声焊接、超声加工、超声检测和超声医疗等方面，并取得了很好的社会效益和经济效益。

超声波传感器是利用超声波在超声场中的物理特性和各种效应而研制的装置。亦称超声换能器或超声探头换能器、探测器。

超声波具有聚束、定向及反射、散射、透射等特性。按超声振动辐射大小不同大致可分为：利用超声波获取若干信息，称之为检测超声；利用超声波使物体或物件发生变化的功率应用，称之为功率超声。这2种超声的应用，同样需要借助于超声波传感器来实现。

一、超声波传感器的类型

不同的标准可将超声波传感器分为不同类型。根据结构的不同，分为直探头、斜探头、双探头、表面波探头、聚焦探头、水浸探头、空气传导探头以及其他专用探头等。根据工作原理的不同，超声波传感器分为压电式、磁致伸缩式、电磁式等数种。在检测技术中主要采用压电式。

压电式利用压电材料的逆压电效应制成超声波发射头，利用压电效应制成超声波接收头。在实际应用中，有时候用一个换能器兼做发射头和接收头，称为单探头。将发射头和接收头单独组合，构成双探头。单探头按工作方式分为直探头和斜探头。

（一）直探头

直探头，它是用来发射和接收纵超声波的。直探头主要由压电晶片、吸收块、保护膜等组成，其结构如图4-3所示。压电片多制成圆板形，其厚度与固有频率成反比。例如，厚度为1mm晶片的自然频率约为1.89MHz；厚度为0.7mm晶片的自然频率约为2.5MHz。在压电片下粘一层保护膜会避免压电片与被测物体因接触而磨损，但这样会降低固有频率。为了避免电振荡脉冲过后压电片因惯性作用继续振动，而延长超声波的脉冲宽度，导致分辨力下降，所以增加了阻尼块，用于吸收声能。

（二）斜探头

斜探头，它是用来发射和接收横超声波的。与直探头不同的是，它将压电片产生的纵波经波导楔以一定的角度斜射到被测物体表面，利用纵波的全反射，转换为横波进入物体。若把直探头放入液体中，使纵波倾斜入射到被测物体，也能产生横波。当入射角增大到某一角度，使物体中的横波的折射角为90°时，在物体上产生表面波，从而形成表面波探头。其实，表面波探头是斜探头的特殊情况。

（三）双探头

双探头，是在一个探头内装有2块压电片，分别用于发射和接收，因此又称为组合式探头。它适用于近距离探测，因为探头内安装了延迟块，使得超声波会延迟一段时间才进入物体。

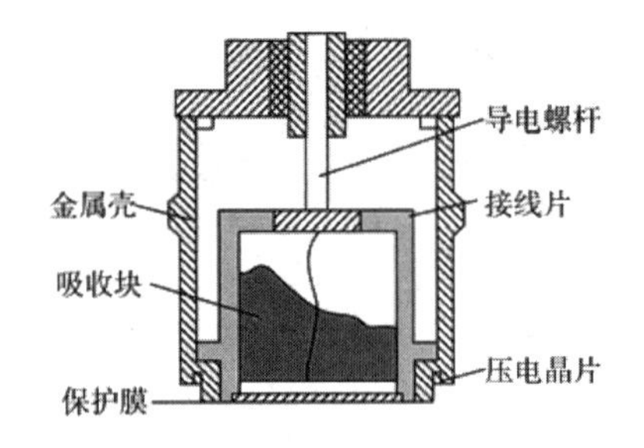

图4-3　压电式超声波传感器的结构

二、超声波传感器的结构

（一）压电式超声波探头

压电式超声波探头是利用压电材料的压电效应来工作的：逆压电效应将高频电振动转换成高频机械振动，从而产生超声波，可作为发射探头；而利用正压电效应，将超声振动波转换成电信号，可用为接收探头。压电式超声波探头常用的材料是压电晶体和压电陶瓷。

如图4-3所示的超声波探头结构，它主要由压电晶片、吸收块（阻尼块）、保护膜组成。压电晶片多为圆板形，厚度为δ。超声波频率f与其厚度δ成反比。压电晶片的两面镀有银层，作为导电的极板。阻尼块的作用是降低晶片的机械品质，吸收声能量。如果没有阻尼块，当激励的电脉冲信号停止时，晶片将会继续振荡，加长超声波的脉冲宽度，使分辨率变差。

（二）聚焦换能器

要实现电子聚焦，需用换能器阵列。线阵换能器可以用作一维聚焦，而面阵换能器则可用作二维聚焦。

1．线阵换能器

由N个单元组成的线阵，若各单元的辐射到F点的相位相同即可实现聚焦，见图4-4。各单元发射的声辐射到达F点的时间分别为r_i/c，以t=0为时间基准，将各单元的电激励信号分别延迟Δt_i，使$\Delta t_i+r_i/c$对每个单元都相等即可。

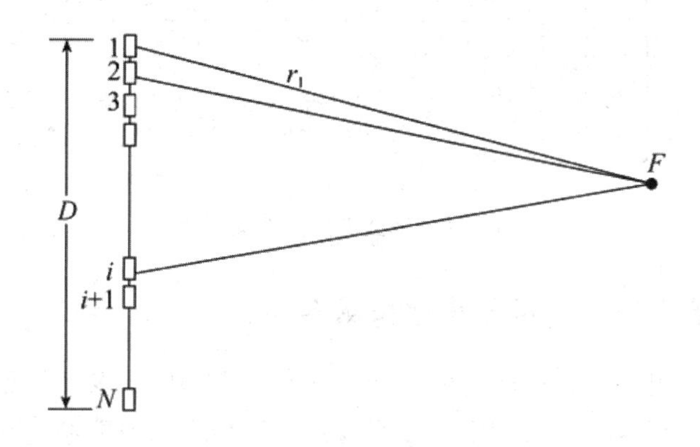

图4-4　电子聚焦方法

2．面阵换能器

二维聚焦面阵如图4-5所示。换能器由于采用的是二维换能器面阵，所以焦点位置可在换能器前的一定空间内任意改变。

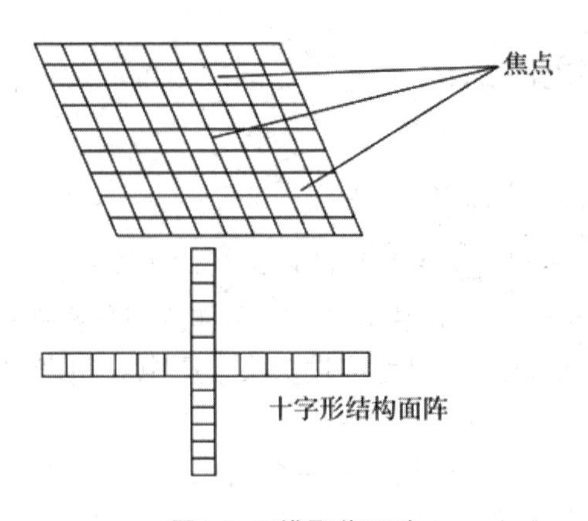

图4-5 二维聚焦面阵

二维换能器面阵不仅能实现波束聚焦，还可以完成多种方式的波束扫描，工作原理与雷达中的相控阵天线是完全相同的。但是，由于工作频率比雷达低得多，所以技术难度也比相控阵雷达低。

3．球面聚焦换能器

这种换能器利用声透镜聚焦。这种换能器的使用环境多为液体介质，透镜的透声材料的声速一般总是大于液体中的声速，所以聚焦透镜为凹透镜。如图4-6所示。

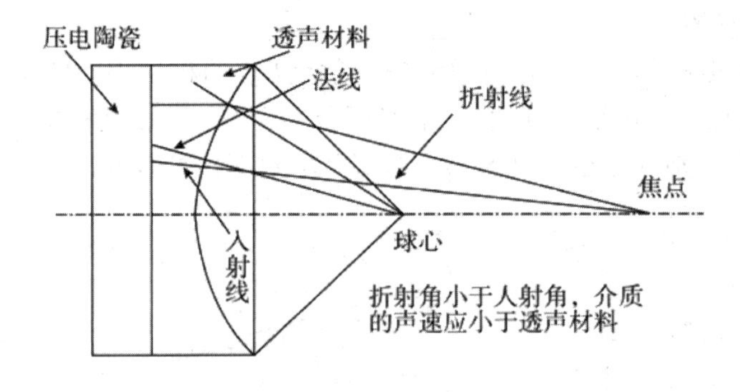

图4-6 球面聚焦换能器

（三）大量程位测量用超声波传感器

能将（交流）电信号转换成机械振动而向介质中辐射（发射）超声波，或将超声场中的机械振动转换成相应的电信号的装置称为超声波换能器（或称为探测器、传感器、探头）。超声波传感器一般都是可逆的，既能发射也能接收超声波。

图4-7所示是大量程位测量用超声波传感器。

大量程位测量用超声波传感器的工作频率不太高，一般为数十千赫兹，且需要较大的功率，所以结构往往比较特殊。若采用前例中的厚度振动型压电陶瓷片，其厚度将近0.5m；虽然可以采用加载、加压的办法降低厚度振动型压电陶瓷片的谐振频率，但是接收灵敏度会大大降低。

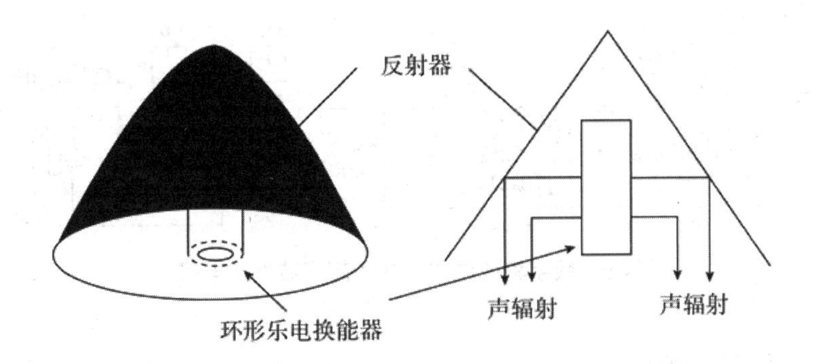

图4-7　大量程位测量用超声波传感器的结构

第三节　超声波探头电路

超声波的探头有直探头、斜探头和双探头等结构类型。下面我们一起来看一下它们的电路结构。

一、发射探头电路

图4-8所示是一个使用555定时器的振荡电路，MA40A3S是压电元件构成的探头。电路中，晶体管VT的基极加以幅值为5V的方波信号。当输入为低电平时，VT截止，⑥脚为高电平，③脚输出为低电平，这是一种他励振荡电路；当输入为高电平时，VT导通，⑥脚为低电平，③脚输出为高电平。

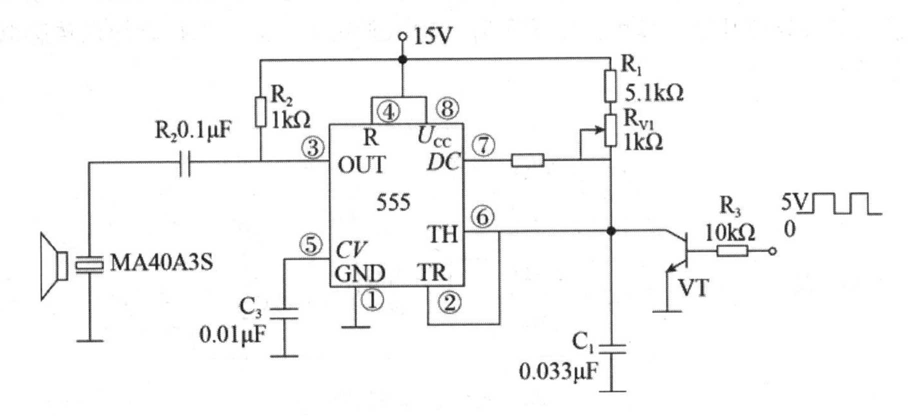

图4-8　集成振荡电路

图4-9所示是采用数字集成电路构成的超声波发送电路。门电路G_1、G_2构成高频振荡电路，并产生40kHz的高频电压，再经G_3～G_6构成缓冲器与功率放大器，将高频振荡电路送来的信号放大后经隔直电容C_p加到超声波传感器MA40S2S上。

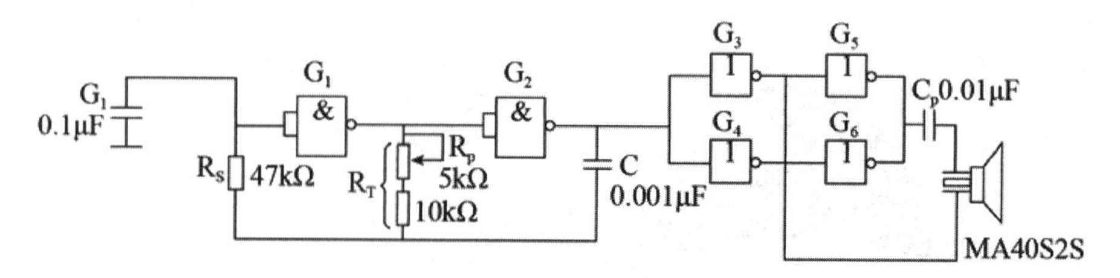

图4-9　数字集成电路构成的超声波发送电路

二、接收探头电路

图4-10所示为使用比较器的接收电路，因为比较器无须相位补偿，所以这种电路适合于高速工作场合，该电路能产生5V的输出信号。

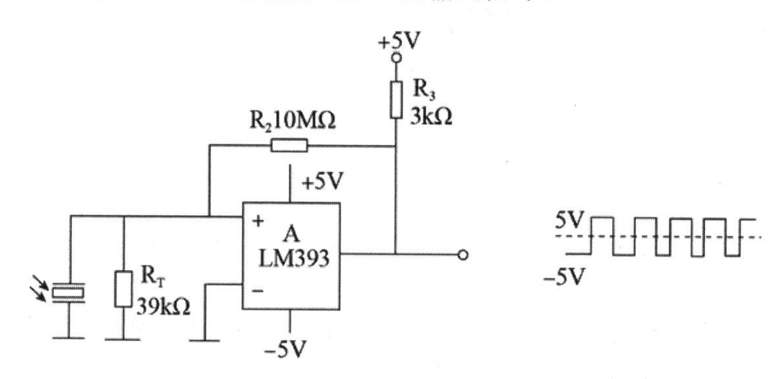

图4-10　使用比较器的接收电路

图4-11所示是采用晶体管的超声波接收电路，晶体管VT_1、VT_2构成两极放大电路，输入信号只要几毫伏即可。R_1用于降低输入阻抗的电阻，以抑制加在传感器上的外来噪声。

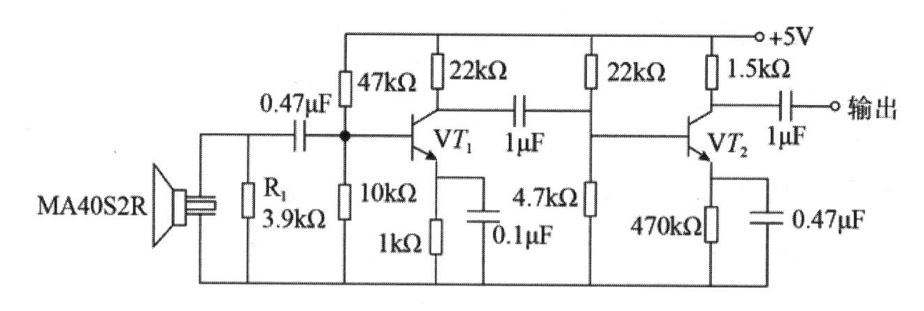

图4-11　晶体管的超声波接收电路

第四节　超声波传感器的主要参数

一、中心频率

中心频率即压电晶片的谐振频率。中心频率越高，则检测距离越短，而分辨力越高。当施加于它两端的交变电压频率等于晶片的中心频率时，输出能量最大，传感器的灵敏度最高。超声波传感器的中心频率一般大于25kHz，常见有30kHz、40kHz、75kHz、200kHz、400kHz等。

二、灵敏度

超声波传感器灵敏度的单位是dB，数值为负。它主要取决于晶片材料及制造工艺。

三、角度

方向角是代表超声波传感器方向性的一个参数，方向角越小，方向性越强。一般为几度至几十度。

四、工作温度

工作温度是指能使传感器正常工作的温度范围。以石英晶片为例，当温度达到290℃时，灵敏度可降低6%，一旦达到居里点温度（573℃），就会完全丧失压电性能。所以，传感器的工作温度上限应远低于居里点温度。供诊断用的超声波传感器的功率较小，工作温度不高，在-20～70℃可以长期工作。治疗用的超声波传感器工作温度较高，必须采取冷却降温措施。

五、盲区

对于探头来说，就是余震，余震越短越好。通常小于40kHz的探头余震低于2ms为较好，2ms对应0.34m的盲区。高频的探头余震更短，但检测距离也短。

第五节　超声波传感器的应用举例

超声波传感器广泛用于生活和生产中的各个方面，如超声波清洗、超声波焊接、超声波加工（超声钻孔、切削、研磨、抛光等）、超声波处理（凝聚、淬火、超声波电镀、净化水质等）、超声波治疗诊断（体外碎石、B超等）和超声波检测（超声波测厚、捡漏、测距、成像等）。

根据声波的出射方向，超声波传感器的应用有2种基本类型：一是透射型，二是反射型。如图4-12所示。当超声波发射器与接收器分别置于被测物两侧时，这种类型称为透射型，透射型可用于遥控器、防盗报警器、接近开关等。超声波发射器与接收器置于同侧的属于反射型，反射型可用于接近开关、测距、测液位或料位、金属探伤以及测厚度等。

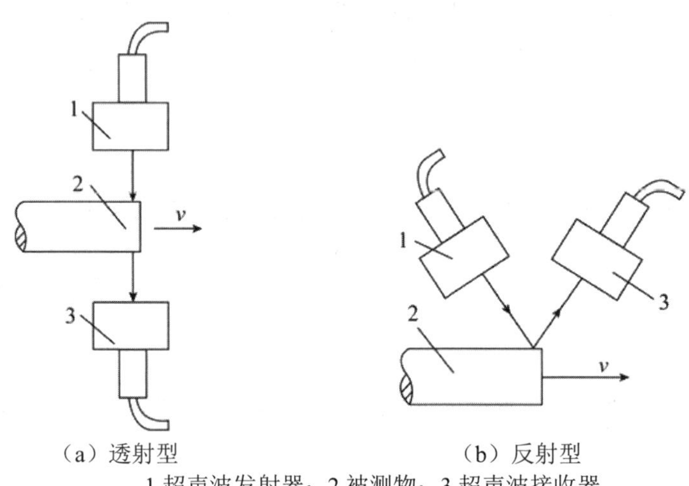

（a）透射型　　（b）反射型

1.超声波发射器：2.被测物；3.超声波接收器

图4-12　超声波传感器的应用类型

从超声波的波形来分，又可分为连续超声波和脉冲波。连续波是指持续时间较长的超声振动，而脉冲波是持续时间只有几十个重复脉冲的超声振动。为了提高分辨力，减少干扰，超声波传感器多采用脉冲超声波。

下面介绍超声波传感器的几种应用。

一、超声波流量计

超声波在流体中传输时，在静止流体和流动流体中的传输速度是不同的，利用这一特点可以求出流体的速度，再根据管道流体的截面积，便可知道流体的流量。

超声波流量传感器的测定原理是多样的，如传播速度变化法、波速移动法、多普勒效应法、流动听声法等。目前，应用比较广泛的主要是超声波传输时间差法。

（一）时间差法

如图4-13所示，在流体中设置2个发射/接收超声波探头A、B，在流体的上、下游各安装一个，其间距离为L。

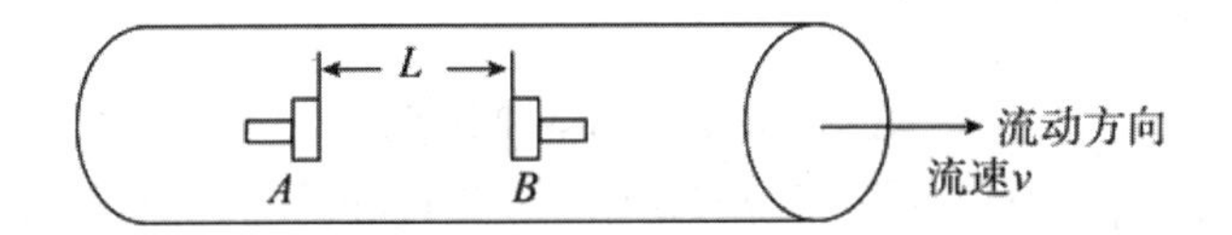

图4-13　超声波流量传感器管内安装位置

设流体流动速度为v，顺流方向流体从A到B的时间为t_1，逆流方向流体从A到B的时间为t_2，流态时超声波传输速度为c，则：

$$t_1=L/(c+v),\quad t_2=L/(c-v) \tag{4-4}$$

超声波传播时间差为：

$$\Delta t=t_2-t_1=2Lv/(c^2-v^2) \tag{4-5}$$

一般来说，流体的流速远小于超声波在流体中的传播速度，即$c^2>>v^2$，那么，$\Delta t\approx 2Lv/c^2$，则流速$v=c^2\Delta t/2L$。

在实际应用中，探头一般都安装在管道的外部，超声波透过管壁发射和接收，不会给管道内流体带来影响，同时2探头之间形成夹角。如图4-14所示。

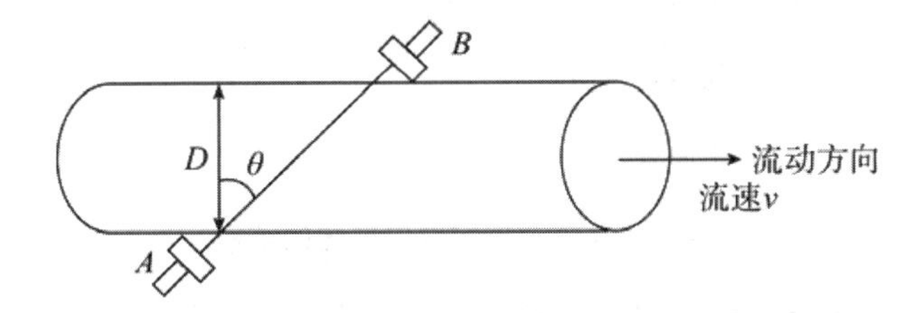

图4-14　超声波流量传感器管外安装位置

此时超声波的传输时间及时间差是：

顺流传输时间为：

$$t_1=(D/\cos\theta)/(c+v\sin\theta) \tag{4-6}$$

逆流传输时间为：

$$t_2=(D/\cos\theta)/(c-v\sin\theta) \tag{4-7}$$

当$c>>v\sin\theta$时，时差为：

$$\Delta t=t_2-t_1=(D/\cos\theta)/(c-v\sin\theta)-(D/\cos\theta)/(c+v\sin\theta)\approx 2vD\tan\theta/c^2 \tag{4-8}$$

则流体的平均流速为$v=c^2\Delta t/2vD\tan\theta$。

该方法测量精度取决于时间差的测量精度，且c是温度的函数，高精度测量需进行温度补偿。

超声波流量传感器的特点是不阻碍流体流动。可测的流体种类很多，不论是非导电的流体、高黏度的流体，还是浆状流体，只要能传输超声波的流体都可以进行测量。

（二）频率差法

频率差法探头安装位置同图4-14。测量顺流发射频率f_1与逆流发射频率f_2，则频率差为：

$$\Delta f=f_1-f_2\approx v\sin2\theta/D \tag{4-9}$$

由此可见，被测流速v与频率差Δf成正比，且与声速c无关。由于c是温度的函数，所以频率差法可以克服温度的影响。

二、超声波物位传感器

利用超声波在2种介质的分界面上的反射特性而制成的传感器，就是超声波物位传感器。如果以从发射超声脉冲开始，到接收换能器接收到反射波为止的这个时间间隔为已知，就可以求出分界面的位置，利用这种方法可以对物位进行测量。

根据发射和接收换能器的功能，传感器又可分为单换能器和双换能器。

图4-15给出了几种超声物位传感器的结构示意图。

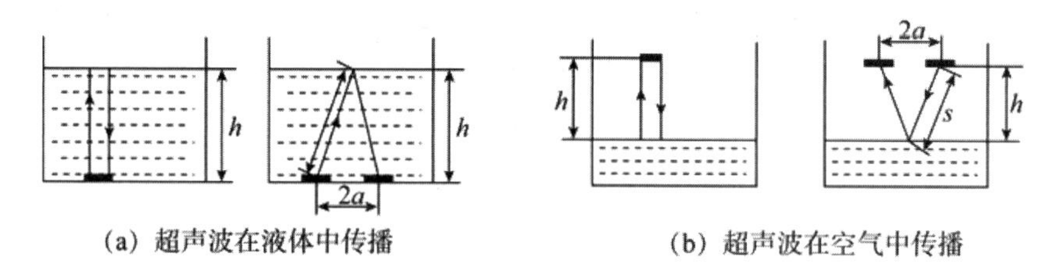

图4-15　几种超声物位传感器的结构

如图4-15（a）所示，超声波发射和接收换能器可以设置在液体介质中，让超声波在液体介质中传播。由于超声波在液体中衰减比较小，即使发射的超声脉冲幅度较小也可以传播。

如图4-15（b）所示，超声波发射和接收换能器也可以安装在液面的上方，让超声波在空气中传播。这种方式便于安装和维修，但超声波在空气中的衰减比较厉害。

对于单换能器来说，超声波从发射器到液面，又从液面反射到换能器的时间t为：

$$t=2h/c \tag{4-10}$$

则：

$$h=ct/2 \tag{4-11}$$

式中，h为换能器距液面的距离；c为超声波在介质中传播的速度。

对于如图4-15所示的双换能器，超声波从发射到接收经过的路程为$2s$，而$s=ct/2$，因此，液位高度h为：

$$h=\sqrt{s^2-\alpha^2} \tag{4-12}$$

式中，s为超声波从反射点到换能器的距离；α为2换能器间距之半。

由上述公式可得，只要测得超声波脉冲从发射到接收的时间间隔，便可以求得待测物位。

超声波物位传感器的特点是：能够实现定点及连续测量物位，并提供遥控信号；

能够实现非接触测量，适用于有毒、高黏度及密封容器内的液位测量；能够实现安全火花型防爆；无机械可动部分，安装维修方便，换能器压电体振动幅度很小，寿命长。若液体中有气泡或液面发生波动，便会产生较大的误差。在一般使用条件下，它的测量误差为±0.1%，检测物位的范围为10^{-2}～10^{4}m。

三、超声波探伤

超声波探伤是目前金属、复合材料和焊接结构中最为重要且应用最为广泛的无损检测方法，可检测出复合材料结构中的分层，脱粘，气孔，裂缝，冲击损伤和焊接结构中的未焊透、夹杂、裂纹、气孔等缺陷，缺陷定性定量准确。

超声波探伤是利用超声波在物理介质中传播时，通过被检测材料或结构内部存在的缺陷处，超声波会产生折射、反射、散射或剧烈衰减等，通过分析这些特性，就可以建立缺陷与超声波的强度、相位、频率、传播时间、衰减特性等之间的相互关系，由于超声波的传播特性与被检测材料或结构有着密切的关系，因此通常需要根据被检测对象选择相应的超声波检测方法。

四、超声波诊断仪

超声波诊断仪是通过向人体内发射超声波（主要采用纵波），然后接收经人体各组织反射回来的超声波信号并加以处理和显示，根据超声波在人体不同组织中传播特性的差异进行诊断的。

目前，超声波诊断仪最常用的有A型超声波诊断仪、B型超声波断层显像仪和M型超声波心动图仪等。

五、超声波测厚仪

由于脉冲反射法不涉及共振机理，与被测物表面的光洁程度关系不密切。所以，超声波脉冲反射法是最常用的一种测厚方法。超声波测厚仪根据其工作原理，可以分为共振法、干涉法及脉冲回波法3种主要方法。

（一）测量原理

脉冲反射式超声测厚原理是测量超声波脉冲通过试样所需的时间间隔，然后根据超声波脉冲在样品中的传播速度求出样品厚度。

样品厚度的计算公式为：

$$d=ct/2 \tag{4-13}$$

式中，d——样品厚度；

c——超声波速度；

t——超声波从发射到接收回波的时间间隔。

需要注意的是，不管是超声波测厚仪（测距）还是超声波探伤仪，使用的超声波脉冲一定是窄脉冲，所以超声波换能器（应具有宽频带、窄脉冲特性）必须用窄脉冲激励。否则，发射脉冲与反射脉冲以及反射脉冲之间将会产生重叠现象，影响测量。

（二）超声波接收电路

由于换能器是电容性的，通常选用共射-共集连接的宽频带放大器。因为超声波的反射信号是很微弱的脉冲信号，所以接收电路在设计时必须考虑以下因素：

一是放大器要以足够宽的频带，使脉冲信号不失真；

二是足够大的增益，至少要60dB的增益，这时既要防止放大器的饱和，又要防止其自激；

三是脉冲放大电路与接收换能器之间的阻抗要匹配，使接收灵敏度与信噪比最佳；

四是前置放大电路必须是低噪声的。

（三）超声波发射电路

超声波发射电路由超声波大电流脉冲发射电路和抵消法窄脉冲发射电路组成，实际上是超声波窄脉冲信号形成电路。

首先是超声波大电流脉冲发射电路。

图4-16是一种典型的超声波大电流脉冲发射电路原理图。在测厚仪中，通常采用复合晶体管做开关电路。当同步脉冲到来时，复合管突然雪崩导通，充有较高电压的电容C迅速放电，形成前沿极陡的高压冲击，以激励超声波探头产生超声发射脉冲波。

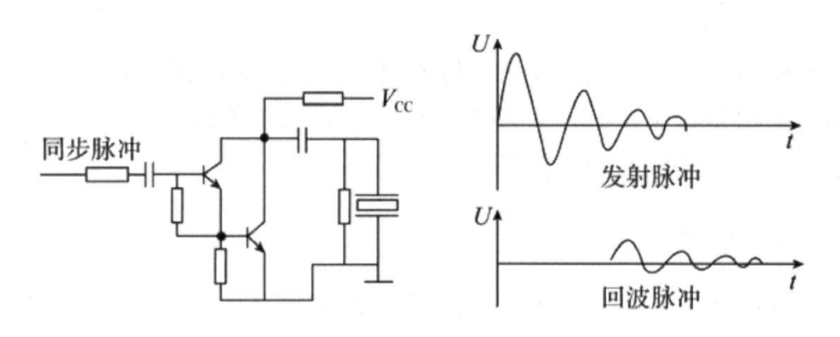

图4-16　超声波大电流脉冲发射电路

其次是抵消法窄脉冲发射电路。

抵消法窄脉冲发射电路见图4-17。抵消法窄脉冲发射电路能发射一个只保留前半周期的窄脉冲信号。从主控器来的正脉冲信号经过2条通路施加到换能器上。一路是经VT_2倒相放大成为负脉冲，通过VD_1加到换能器上，使它开始作固有振荡。另一路是先经过电感L_1、L_2和变容二极管VD_3、VD_4组成的延迟电路，使脉冲信号延迟一段时间，然后再经VT_1倒相放大，通过VD_2加到换能器上，使它在原来振动的基础上，迭加一个振动。调节电位器W_1和W_3可控制2脉冲信号的幅度；调节W_2可以改变变容二极管VD_3和VD_4的结电容，从而使脉冲信号的延迟时间在一定范围内变化。通过调节幅度与滞后量，可使2个振动互相叠加后，除了开始的半个周期外，其余部分都因振幅相等、相位相反而互相抵消，使换能器输出窄脉冲。

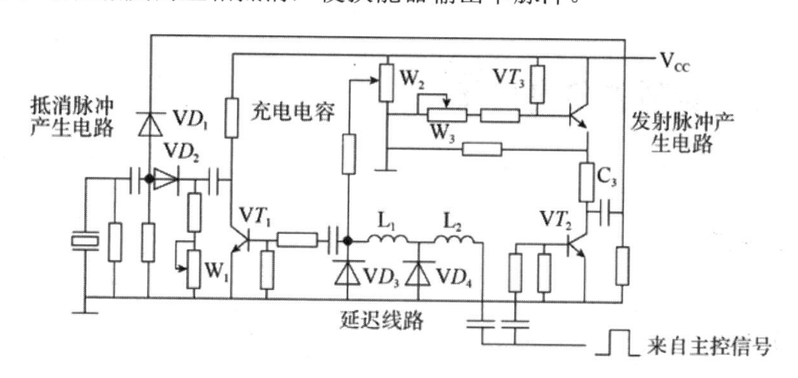

图4-17 抵消法窄脉冲发射电路

六、超声波空化作用

超声波空化作用在清洗、分散、粉碎等方面得到了充分应用。声空化是指在流体动力学中，存在于液体中的微气泡（空化核）在声场的作用下振动，当声压达到一定值时，气泡将快速膨胀，然后突然闭合，在气泡闭合时产生冲击波，形成膨胀、闭合、振动等一系列动力学过程。这种声空化现象是超声学及其应用的基础之一。

通常情况下，温度高时易于空化；声强高时也易于空化；频率高、空化阈值高，则不易空化。举例说明，在15kHz时，产生空化的声强只需要0.16～2.6W/cm^2；而频率在500kHz时，所需要的声强则为100～400W/cm^2。因此液体产生空化作用与介质的压力、温度、空化核半径、声强、黏滞性、含气量、频率等因素有关。

在空化中，气泡闭合时所产生的冲击波强度最大。设气泡膨胀时的最大半径为R_m，气泡闭合时的最小半径为R，从膨胀到闭合，在距气泡中心为1.587R处产生的最大压力可达到：

$$p_{max}=P^4{}_0\text{-}4/3\ (R_m/R) \tag{4-14}$$

当$R\to 0$时，$p_{max}\to\infty$。根据上式一般估算，局部压力可达到上千个Pa，由此足以看出空化的巨大作用。

第五章　集成传感器和微传感器

第一节　传感器的集成化

一、传感器集成化概述

（一）集成化

随着半导体集成电路技术的不断发展，传感器越来越多地能够与信号处理电路以及接口电路封装在同一管壳内或是安置于同一芯片上，这种传感器即为集成传感器（integrated sensor）。通常情况下，集成传感器指的是用标准的生产硅基半导体集成电路的工艺技术制造而成的传感器。

传感器的集成化包括2方面含义：一是将许多不同或是相同的敏感元件集成于同一芯片上，进而形成敏感元阵列，如图像传感器将上万个相同的光敏二极管集成在同一芯片上；二是将敏感元件与其转换或者调理电路，如温度补偿、运算以及放大等电路集成在同一芯片上。对于传感器而言，集成化所能起到的主要作用有：提高性能、降低成本与功耗、增强功能以及减小尺寸等。

集成化传感器一共包括4个部件。第一部分为敏感元件，它产生的信号往往会受到噪声及其他干扰因素的影响，所以需要包含线性化、滤波、补偿以及放大等信号调理电路在内的第二部件对传感器的非理想特性进行调低。在同一芯片中，如果出现需要多个敏感元件的情况，便需要进行多路开关的选择。如果要求传感器所得信号一定是并行或串行的数字格式，则必须凭借A/D转换器或频率一编码转换器（第三部分）来实现。传感器总线接口为第四部分，选择多个传感器构成系统时，以星状拓扑结构作为信号获取系统，也就是说每个传感器皆与一个数字多路选择器相连。当传感器具有较大的数量时，数字多路选择器的连接数目以及全部系统的电缆长度较大，所以说总线式的多传感器结构是该种情况下首选频率最高的一种方案。总线系统负责协调处理全部的数据传输，并将传感器数据通过适当接口传输到计算机中。

（二）主要集成途径

传感器的集成化是一个由简单到复杂，由低级到高级的发展过程。当集成技术难以令敏感元件和全部处理电路一同集成时，人们会先选择一些基本和简单的电路和功能元件进行集成，这些元件可以令传感器的性能得到明显提升。下面是优先考虑集成化的5种电路。

1．各种调节和补偿电路

如电源电压调整电路广温度补偿电路等。将电源电压调整电路与传感器组合，在使用方便的同时，传感器不再需要原来那么高的外部电源，输出信号的稳定性也有了明显的改善。由于传感器尤其是半导体传感器对温度的变化非常敏感，因此良好的温度补偿具有重要意义。分立元件组成的传感器能通过外部感温元件构成温度补偿电路，但是因为传感器的实际温度和外部感温元件不是百分百匹配的，所以效果不理想。在同一芯片中，如果集成温度补偿电路和敏感元件，则补偿电路可以感应到感应元件的温度并获得良好的补偿效果。

2．信号放大和电阻转换电路

为了在提高信号和信噪比的同时将外部的干扰消除掉，可以把信号放大电路和阻抗转换电路这2个电路与敏感元件集成在一起。一般情况下，干扰噪声最重要的来源是传输线。这是因为传输线中的干扰噪声在输出信号弱和传感器输出阻抗高的条件下，会严重影响信号，而且后级放大电路会将这种干扰噪声和信号一起放大。对于集成传感器，受到干扰的影响不再那么大，而且干扰不会被放大。

3．数字化信号电路

有效提高抗干扰能力的途径之一是将模拟信号转换为数字信号。一种常见的方法是先将模拟信号转换为频率信号，然后将其转换为数字信号。不同的受控振荡器和受控电压放大器可实现此目的，

一般情况下，由于控制系统本身的需求，传感器的输出需要改成通断开关的输出。输出的结果还会因为测量的信号强度超过某个阈值而有所不同。为了使输出状态不受被测信号在阈值附近所受干扰的影响，一般把施密特触发器和开关电路集成在一起。

4．多敏感元件或传感器的集成

多个敏感元件不管类型是否相同都可以通过集成技术相互集成在一块。同类型敏感元件多个集成的好处是多个测量结果之间可以相互比较，之后得到最为精准的测量结果。可以平均一下所有的测量结果，这样测量精度就会有所提高。不同功能的敏感器件的集成是为了测量多个参数，并对这些参数的测量结果进行综合处理，进而得出反映被测系统整体状态的参数。比如，内燃机燃烧程度的综合参数就是对内燃机的压力、温度、排气成分、转速等参数的测量结果进行分析处理得到的。

5．信号发送接收电路

传感器需要根据一些实际应用的要求，安放在特殊的环境或者条件下，如运动

部件上、封闭危险环境中或被测生物体内，这时测得的信号需通过无线电波或光信号传送出来。在这种情况下，为了测量的方便，把信号发送电路和传感器集成在一起，可大大减小测量系统的质量和尺寸。另外，把传感器和射频信号接收电路以及一些控制电路集成在一起，传感器就能通过接收外部控制信号来调整测量方式和测量周期，还能关闭电源，这样功率的消耗也将减小。

（三）集成化的特征和走向

传感器与半导体集成电路相结合，使传感器具有信号获取、调理放大、转换与处理于一体的特点。所以，通常情况下，与普通传感器相比，集成传感器具有体积小、反应快、抵抗干扰能力强、输出标准化信号或数字信号、功能强、性能稳定、精度高等优点。

与电路集成的集成传感器中最多的就是物性型传感器，这是因为物性型传感器的基础材料是半导体，而且它的制作工艺可以与集成电路工艺兼容。微机械加工技术在这几年快速发展，物性型传感器已不再是主流，因为微型敏感结构的敏感性传感器逐渐被商用化，这些传感器的基础材料是硅，制作技术应用了MEMS技术，如集成加速度计、陀螺仪等。集成电路技术和MEMS技术的逐渐发展推动了集成电路和敏感元件的发展，集成传感器的数量越来越多，功能也越来越强。

二、典型集成传感器

（一）集成压力传感器

1．带温度补偿的集成压力传感器

图5-1是一个带温度补偿电路的集成压力传感器电路原理图，R_5、R_6和晶体管V构成温度补偿电路，用于全桥的供电电源。当晶体管V的基极电流比流过R_5、R_6的电流小得多时，其集-射极的电压降为：

$$U_{ce}=U_{be}(R_5+R_6)/R_6 \tag{5-1}$$

于是，力敏电阻电桥的实际供电电压为

$$U_B=U_{ce}-U_{be}(R_5+R_6)/R_6 \tag{5-2}$$

温度是影响各个系数的关键，温度升高时，U_{be}下降，随之U_{ce}下降、U_B升高，补偿了压阻灵敏度随温度上升而下降所导致的误差。这种温度补偿电路有很多优点，其结构简单，具有较小的体积和较低的成本，而且补偿效果好，已被大众普遍接受并应用。

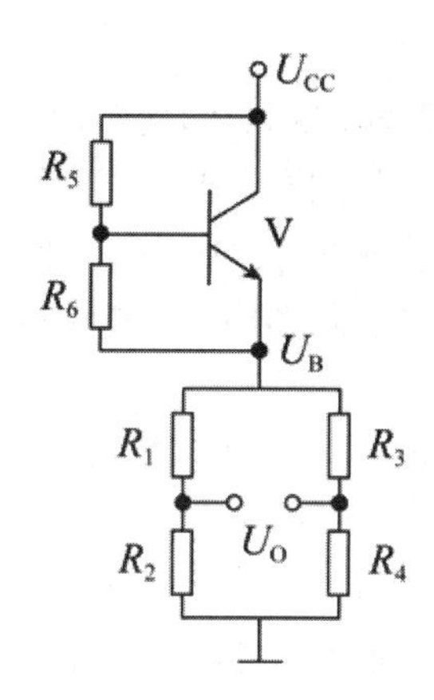

图5-1　带温度补偿电路的集成压力传感器电路原理图

放大电路和力敏电阻全桥集成在一起可以解决弱信号在传输过程中受到干扰的问题，也可以降低对后级电路的影响。一般情况下，把一个差分放大电路安置在电桥后面，再将这2部分集合在一片芯片上，就可以使输出信号的幅度扩大，同时抗干扰的能力也有所改善。现今的大多数硅压力传感器都应用这个办法。

2．频率输出型集成压力传感器

先将模拟信号转变成频率信号，再将频率信号转变成数字信号是信号数字化的众多途径之一。图5-2是频率输出型集成压力传感器的电路原理图，如图所示，构成全桥的4个力敏电阻分别是R_1～R_4。当电桥输出电压通过V_1～V_6之后，转变成了电流信号。V_6的输出电流和电容决定了最后部分施密特触发器的转换频率，从而实现将电压信号转变为频率信号的操作。这个传感器的静态输出频率约1.5MHz，压力灵敏度约为12Hz/Pa，量程为0～33kPa。

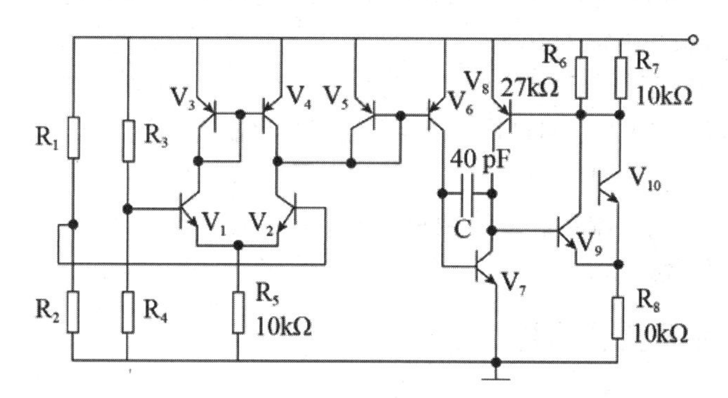

图5-2　频率输出型的单块集成压力传感器电路原理图

（二）典型多功能集成产品——SHT11/15温湿度传感器

SHT11/15是瑞士Sensirion公司推出的2种用于测量相对湿度和温度的自校准、多功能、高精度集成传感器。二者应用的电路原理是一样的，但是得到的测量精度不一样。

1. SHT11/15的性能特点可以输出相对湿度和温度的串行数据，并且这些数据是经过校准的。SHT11/15中含有多种不同功能的传感器，如基于带隙电路的温度传感器、基于湿敏电容的相对湿度传感器、14位A/D转换器及两线串接口。由于相对湿度和温度传感器的底座是一个，所以能同时对被测量做出响应，这对测量露点很有优势。

芯片的电源是+5V电源，在测量的时候，要求的工作电流是550μA，平均电流为28μA（12位）或2μA（8位）。为了保护芯片，在低于2.45±0.1V的时候，由于该系统本身具有低电压检测功能而不进行工作。休眠模式的功耗是最小的，电流为0.31μA（典型值）。如果测量完毕没有新命令，芯片会自动返回休眠模式。

这种传感器的温度分辨力默认值为14位，相对湿度分辨力默认值为12位。测量速率和功耗的改善要依靠降低分辨力来实现。校准存储器是可以进行自动校准的，这是因为它保存了传感器出厂之前的精密校准系数。通常情况下它不需要连接另外的元器件，而且具有很好的互换性和很强的抗干扰能力。在高压环境中，由于湿度传感器并不随压力改变，所以依旧可以进行湿度的测试。它的内部还有加热器（在+5V下电源电流增加8mA），具有以下作用：第一，通过比较加热前后的温度和相对湿度可以确定传感器有无正常工作；第二，加热可以去除传感器因在潮湿环境中工作而形成的凝露；第三，加热器可以在测露点时使用，除非湿度传感器窗口上堆积尘土，否则不必清洁。

传感器的具体性能参数如下：测量范围为0～100%*RH*，最高分辨力为0.03%*RH*（12bit）或0.5%RH（8bit），长期稳定性<1%RH/年，响应时间为4s，测温范围为-40～123.8℃，最高测量精度分别为±2%RH和±4%RH，复性误差为+0.1℃，最高分辨力为0.01℃（14bit）或0.04℃（12bit），重响应时间为5～30s，外形尺寸为7.62mm×5.08mm×2.5mm，质量为0.1g。

2. SHT11/15的工作原理。当电源电压U_{DD}>4.5V时，最高时钟频率f_{max}为10MHz，U_{DD}<4.5V时，f_{max}=1MHz。SHT11/15湿度/温度传感器的测量原理是：先使用两个传感器来生成相对湿度和温度信号，接着经放大后发送至A/D转换器执行A/D转换、校准和纠错，最后把相对湿度和温度数据用双线串行接口传送至微机，由微机完成非线性补偿和温度补偿。

（三）霍尔集成传感器

霍尔集成传感器是利用硅集成电路制造工艺，将敏感部分（霍尔元件）和信息处理部分集成在同一硅片上，从而达成微型化、高可靠、长寿命、小功耗、负载能力强等目的。

霍尔集成传感器主要分为2类，即开关型和模拟型。图5-3为开关型霍尔集成传感器电路原理图，典型器件如UGN3020，这种器件由4部分组成，即霍尔元件H、差分放大器、施密特触发器和输出器。差分放大器由图中V_1、V_2及有关元器件构成，其功能是放大霍尔电压输出。施密特触发器主要由V_3、V_4组成。若霍尔元件有输出，R_6中有电流流过，V_5～V_7导通，输出为低电平；若霍尔元件无输出，中无电流流过，V_3～V_7截止，输出高电平。输出器主要由V_7构成，根据V_5、V_6的导通与否，分别输出低电平和高电平。

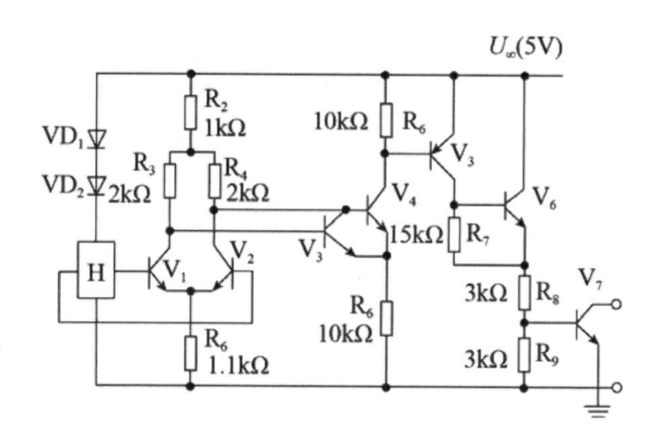

图5-3　开关型霍尔集成传感器电路原理图

开关型霍尔集成传感器的基本应用是制作在恶劣环境和某些特殊条件下使用的接近开关，并且派生出一系列微型机电一体化产品，如霍尔电路转速表、霍尔电路汽车点火器、无触点交直流功率开关、机械运动限位器等。

模拟型的线性集成霍尔器件主要用于检测磁场强度和可转换为磁场强度的其他物理量。典型线性集成霍尔器件产品如UGN3501和有温度补偿功能的AD22151。

三、集成磁阻传感器

（一）AMR磁阻传感器

AMR磁阻传感器是一种可测量磁场范围的磁传感器，可测量静磁场的方向和强度。这种传感器的构造包括硅基底座和坡莫合金，其中坡莫合金是由19%铁和81%镍构成的合金。在制作该传感器时，将坡莫合金薄膜沉积在硅基底座上，然后进行刻蚀，使其变为电阻条的形状。在外磁场的作用下，AMR薄膜的磁阻特性使电阻改变2%～3%。

图5-4所示为坡莫合金的磁阻效应。当不存在外界磁场时，坡莫合金的内部磁极化强度与电流流动方向平行（图中自左向右流动）。如果外界磁场H与坡莫合金平面平行，但垂直于电流流动方向，则坡莫合金内部磁极化强度的方向将产生角度为α的旋转。因此，坡莫合金的电阻值将会改变，即：

$$R=R_0+\Delta R_0\cos^2\alpha \tag{5-3}$$

其中，R_0及ΔR_0由合金材料的参数所确定。显然，由于二次项的存在，电阻与磁场强度之间的关系为非线性，且电阻值与磁场强度值之间也不是一一对应关系。

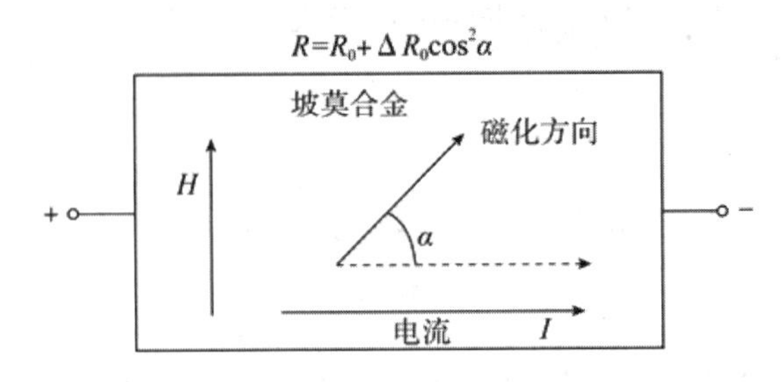

图5-4　坡莫合金的磁阻效应

图5-5给出了电阻变化（$\Delta R/R$）与角度α之间的关系。由图可见，电阻变化是一个对称曲线，并在45°附近存在一个线性区域。

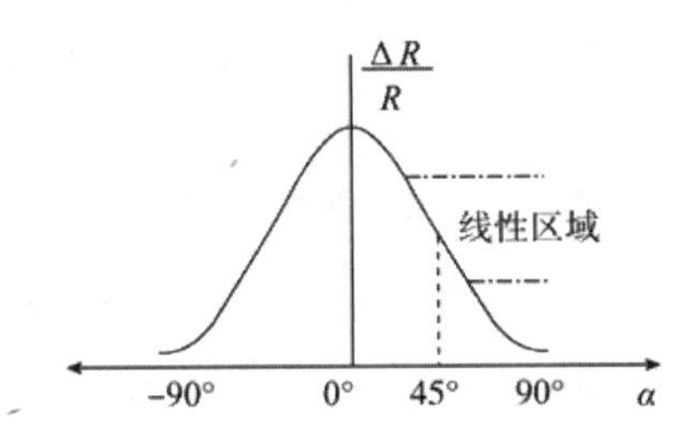

图5-5　AMR磁阻变化与角度a之间的关系

在元件制作时，使AMR薄膜中的电流以45 方向流动，如图5-9中惠斯通电桥中的4个AMR电阻所示，在薄膜宽度方向上制备低电阻材料层实现薄膜之间的电短路，利用电流趋向于以最短路径通过AMR薄膜的特性，控制电流以45 角流过薄膜条。由于这种结构很像理发店的招牌，因此被形象地称为理发店招牌式偏置（barber’s pole biasing）。具体过程如下：

（1）磁阻内部的磁畴指向由于外加磁场的变化而发生变化；

（2）磁畴指向的变化使角度α发生改变；

（3）磁敏电阻各向异性产生变化。磁敏电阻与夹角α的关系服从：

$$R(\alpha)=R_{\perp}\sin^2\alpha+R_p\cos^2\alpha \tag{5-4}$$

式中，$R_{\perp}$代表电流方向与磁化方向垂直时的阻值，R_p代表电流方向与磁化方向平行时的阻值。

磁阻效应的特点就是响应快，且不受线圈或振荡频率的影响，比其他类型的磁微传感器应用更加广泛。AMR传感器的构件（如硅片）可以大批量生产，并可与商用电子线路集成。通常情况下，AMR传感器的带宽可达0～5MHz。除此之外，与其他机械或电子的测量方案比较，这种传感器还具有体积小、成本低、可靠性高、容易安装、灵敏度高、适应性强、噪声低等优点。AMR传感器可以通过控制坡莫合金薄膜的形状，使传感器对磁场更加敏感，得到的结果更加准确，是在地磁场环境中测线位移及角位移的一种非常实用的方法。

为方便应用，将2个或4个磁敏电阻连接成惠斯通电桥，在器件内部制成半桥或全桥，有单轴、双轴、三轴等多种形式。例如，HMC系列磁阻传感器就在内部集成了磁阻元件组成的惠斯通电桥及置位/复位部件。图5-6就是HMC1001单轴磁阻传感器的结构和电路示意图。

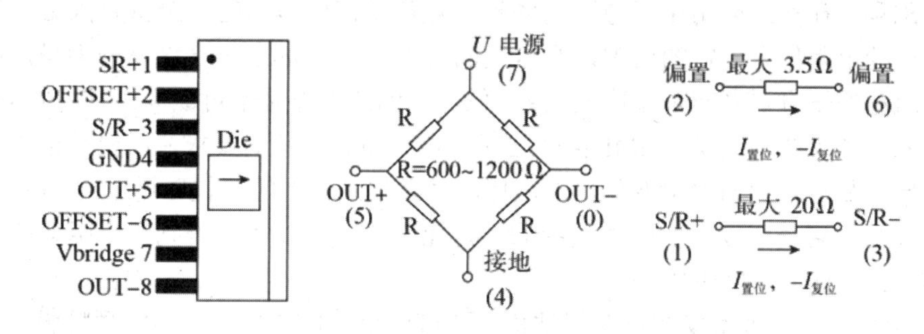

图5-6　HMC1001单轴磁阻传感器的结构和电路示意图

HMC1001传感器的电路起着接近传感器的作用，它把一块磁铁放置在与传感器相距5～10mm的范围内；点亮LED灯。放大器起到一个简单比较器的作用，当HMC1001的输出超过30mV时，它会直接切换到低位。磁铁对于磁场也有要求，需要磁铁的磁场强度达到0.02T，而且需要有一个磁极的方向与传感器的敏感方向一致。门的开关情况或有无磁性体存在都是用这种电路进行检测的。

应用磁阻传感器测量时，信号属于模拟信号，要求检测电路调整传感器零点及灵敏度。另外，大部分磁阻传感器存在温度漂移现象，因此需要对温度特性进行补偿。

（二）GMR磁阻传感器

巨磁阻传感器基于巨磁阻（GMR）效应制作而成。如图5-7（a）所示，由一层非磁性导电材料分开的2层磁性材料组成“三明治”结构，上下2层的磁化矢量方向可以是相对的，如图5-7（b）所示，也可以是一致的，如图5-7（c）所示。前者在界面上的散射小，传导电子的平均自由行程长，电阻较小；后者在界面上的散射大，传导电子的平均自由行程短，电阻较大。为保证基于自旋的散射成为影响电阻的主要成分，薄膜厚度必须小于体材料中的电子自由行程。大部分铁磁材料的平均自由行程在几十纳米的量级，因此薄膜厚度在10nm以下。如此薄的薄膜对制作工艺要求很高，这也是巨磁阻现象发现较晚的一个重要原因。利用薄膜制作工艺，可制作多达10多层结构的巨磁阻微传感器。

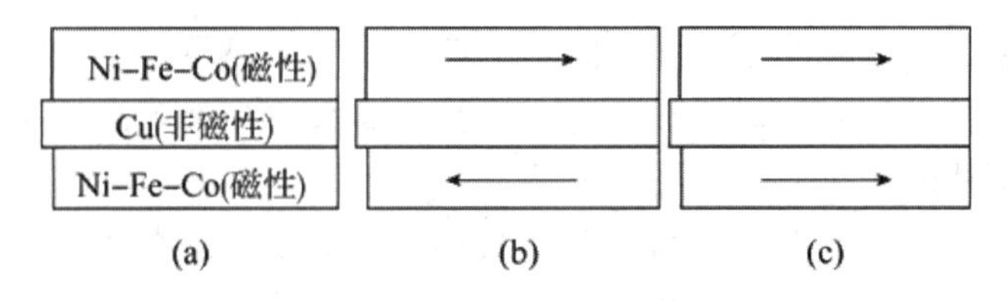

图5-7　多层薄膜的巨磁阻效应

GMR效应主要用来制作磁记录装置中的读写头，这种传感器同样可用于测量低强度的磁场。在实际应用中，电阻的约翰逊噪声是需要考虑的一个重要因素。对于敏感元件的电阻值有一定的要求，要尽量低一些，如50nm左右，这是因为噪声电压与电阻阻值的平方根之间是正比的关系。低噪声的放大器是不可缺少的。另外，GMR传感器的一个重要缺点是，GMR传感器对工作环境有严苛的要求，需要在偏置磁场环境里要有相对较大的电阻变化，工作环境就必须是较高的偏置磁场（约0.1T）。然而，这样高的磁场强度在实际测量中通常是允许的，所以实际得到的电阻变化率与普通AMR之间只有很小的比例。

GMR效应的实现不仅依赖多层结构，还可以用非均匀相合金制成颗粒膜。这种颗粒膜结构是指颗粒（纳米量级）弥散于薄膜中所产生的复合膜，这种非均匀相的体系中，异相界面会严重影响电子输运性质和电、磁、光等特性。这种镶嵌着微颗粒的薄膜与多层薄膜有许多相似之处，都属于二相或多相复合非均匀体系。然而，颗粒膜中的颗粒呈混乱的统计分布，并且生产过程相对简单。常用的制备方法有离子注入、共溅射、共蒸发等，实验室常用磁控溅射和离子束派射等方法。颗粒膜中的GMR效应主要来自界面电子的散射，颗粒膜内部的电子散射对GMR效应的贡献很小。

作为比较，表5-1给出了商品化的AMR、GMR和霍尔传感器的一些特性。

表5-1　AMR、GMR和霍尔传感器的一般特性

参数	AMR传感器	GMR传感器	霍尔传感器
测量范围/mT	25	2	60
最大输出	2%～5%	4%～20%	0.5V/T
频率范围	达50MHz	达100MHz	25kHz（典型值）；1MHz（可实现值）
温度系数	较好	良好	由传感器类型决定
最高使用温度/℃	200	200	150
成本	中等偏高	中等偏低	低

巨磁阻微传感器最常见的应用是在硬盘中作为读出探头，不需要很高的线性度。巨磁阻微传感器成本低、灵敏度高，极其适用于磁场的线性测量。磁场的线性测量目前已经整合了多项技术，如正交偏置、磁通集中器、敏感轴偏置等。敏感轴偏置

的原理是用一个集成在芯片内部的平面线圈产生一个附加的磁场，这个磁场可以使微传感器的工作点偏移到线性敏感区域。

第二节　机械量传感器

一、微机械加工技术与机械量微传感器概述

（一）微机械与微传感器技术简介

微电子机械系统（Micro-Electro-Mechanical Systems，MEMS），是指可批量制作的集微型机构。是集微型传感器、微型执行器以及信号处理和控制电路等于一体的微型器件或系统。MEMS技术是随半导体集成电路（IC）微细加工技术和超精密机械加工技术发展起来的，具有小型化、集成化的特点。微电子机械压力传感器等技术的成熟归功于20世纪80年代末期静电微电机的研制成功，这标志着MEMS技术已经发展成为一门独立的新兴学科。

MEMS技术里最重要的是微机械加工技术，这种技术利用硅片的刻蚀速度各向异性的性质和刻蚀速度与所含杂质有关的性质，以及光刻扩散等微电子技术，从而构成膜片、悬臂梁、桥等机械弹性元件。将这些元件组合就可构成微机械系统。这项技术应用广泛，可以在硅片上添加阀、弹簧、振子、喷嘴、调节器，以及检测力、压力、加速度和浓度的传感器，从而制成MEMS系统。

（二）微传感器

微传感器并不是单指一种传感器，一般采用MEMS技术制作的、具有微米级特征尺寸的芯片的传感器都被认为是微传感器，这种传感器的特点是系统可以优化，并且具有一定的复杂性和智能性。微细加工技术是微传感器制作时用到的主要技术，这种技术可以把机械、电子、光学等部件集成在微小空间内，达到制作要求。

MEMS传感器用的是与标准半导体工艺兼容的材料，应用一些新工作机理和物化效应，利用MEMS加工技术制作而成。MEMS传感器与传统技术制成的传感器相比，更具优势，故而得到了极大的关注，以至于有一门独立的分支学科专门研究它。具体来说，微传感器的特点如下。

1．微型化和集成化

之所以叫微传感器，正是因为其尺寸极小，可达到微米级甚至亚微米级。MEMS传感器的体积尺寸精度可达纳米级，质量可达纳克量级，其体积只有普通传感器的几十分之一甚至百分之一，成品的质量只有几十克甚至几克。不同微传感器、微传感器与微执行器等的集成化，同种传感器的阵列化都能通过半导体工艺完成。

2. 高精度和长寿命

微传感器具有微型化的特点，这个特点使整个测量系统的集成度变得更高，热膨胀、噪声和挠曲等因素的影响在封装之后也被解决了，并且工作的稳定性更加良好。系统的使用寿命和系统的多功能化、智能化可以通过微传感器提高，如果在微传感器中使用智能材料和智能结构，那么系统的测量精度、抗干扰能力与可靠性都会得到提升。

3. 低成本和低功耗

传统的传感器需要通过机械加工制造，成本较高，而微传感器是可以批量生产的，这就使性价比提高很多。微传感器集成度高，具有多种功能，如具有自检、自校、数字接口、总线兼容、数字补偿等功能，并且微传感器的功耗可以控制在毫瓦乃至更低水平。

4. 快速响应

微传感器和微执行器之间不存在信号延迟等问题，能够高速运行，更适合高速工作。比如，微型流量泵的体积比小型泵还小很多，仅有5mm×5mm×0.7mm，但其流速却可达到小型泵的1000倍。

微传感器的分类方法有许多种，主要有：

（1）按被测量的性质，分为体积分数微传感器、压力微传感器、离子浓度微传感器、加速度微传感器等。

（2）按敏感元件的转换原理，分为物理微传感器、化学微传感器、生物微传感器等。

（3）按制备技术和使用材料，分为薄膜微传感器，半导体微传感器、陶瓷微传感器等。

（4）按应用领域，分为汽车用微传感器、医用微传感器、航空航天用微传感器等。

（5）按微传感器的组成方式，分为网络化微传感器、阵列式微传感器等。

（三）机械量微传感器

当下，微传感器中最为重要的一种是机械量微传感器，它能有如此的地位有2方面原因：一是因为在实际应用中需要检测的机械量非常多；二是因为传统的机械量传感器尺寸一般都很大，影响性能，不利于使用。现在在实际应用中常用机械量微传感器，它采用了微机电加工技术能制造出同为结构型，尺寸小，性能更加稳定，使用方便。机械量微传感器的功耗和成本与传统的机械量传感器相比少了很多，这就决定了它适合用于无线传感器网络和物联网。

机械量微传感器的工作原理其实就是将机械信号转换成电信号。它可以检测多种多样的机械量，而且它本身的品种极其多。在此介绍几种典型的机械量微传感器，以使读者了解微传感器中以硅为基材的微结构的特点及其与传统宏观尺寸结构的特性的异同。

二、典型微机械压力传感器

（一）电容式压力微传感器

压力传感器主要检测的是压力在压力敏感膜上使膜发生变形的程度。在压阻式传感器中，压力测量是通过检测膜受到压力产生形变而导致的电阻变化实现的。电容压力微传感器本质上是一种变极距型电容传感器，压力敏感膜与固定基片上敏感电极之间的距离在外部压力的作用下发生变化，引起检测膜的形变。电容式压力微传感器具有较低的功耗、较高的灵敏度、良好的温度特性，而且产生的漂移很小。这种传感器敏感膜刻蚀以及键合工艺与压阻式微传感器基本相同，但因为不需要加工出压阻，所以加工工艺更简单。

电容式压力微传感器由于硅加工工艺中的各向异性，将压力敏感膜做成矩形形状，其中心厚度比较大是出于适应硅加工工艺的考虑。被测压力引起敏感膜的变形，从而导致敏感电容的变化。参考电容不会随压力变化而改变，因此可用来补偿微传感器的温度特性及其他漂移。

电容式压力微传感器的工作原理在于检测变形以后的硅膜上电极与玻璃衬底上电极之间的电容变化。由于膜发生的位移不是均匀的，加上电容和电极间距成反比这一特性，导致这类传感器具有非线性的缺点，尤其在需要检测高压力值的时候特别明显。接触式压力微传感器是采用硅微加工技术制作的一种新型电容式压力微传感器。和传统的压力微传感器相比，它可以在压力测量过程中把压力敏感膜与衬底维持在接触状态。

接触式压力微传感器与非接触式微传感器的不同在于工作在膜与衬底“接触”的状态。微传感器的电容量受接触部分的面积影响，这有2方面的原因：一是与空气的介电常数相比，绝缘层具有更高的介电常数；二是2电极极板之间的间距在接触状态下是很小的。在灵敏度方面，接触式压力微传感器较高。由于接触式压力微传感器工作时处于接触状态，使它具有很强的抗过载能力，这是它被用于汽车轮胎压力的在线监测中的一个原因，它可以在汽车行驶过程中耐受反复冲击、振动、应力、温度剧烈变化等各种恶劣环境因素。

图5-8和图5-9分别是接触式压力微传感器的结构示意图和接触式压力微传感器的电容一压力特性曲线图。在普通区，微传感器的膜与衬底还没有接触在一起的时候，电容值是随着压力逐渐上升的；当在过渡区附近的时候，电容值会快速上升；在接触区，电容值与压力在曲线图中是线性关系，灵敏度会比没接触在一起时高很多；进入饱和区后，因为大部分膜面积已经和衬底之间发生接触，所以即使压力再增加也不会引起接触面积的显著增加，这时电容的增长逐渐平缓。

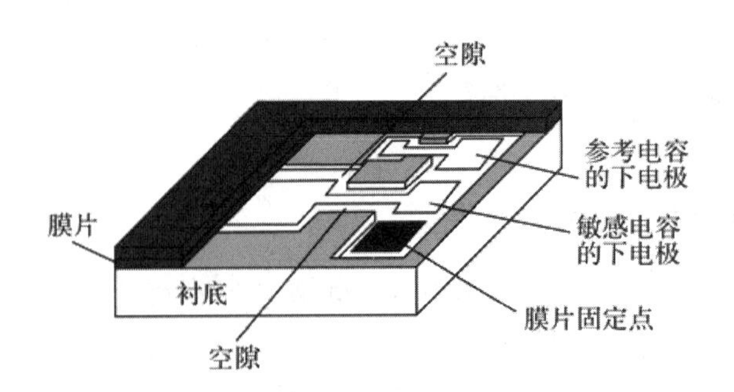

图5-8　接触式压力微传感器的结构示意图

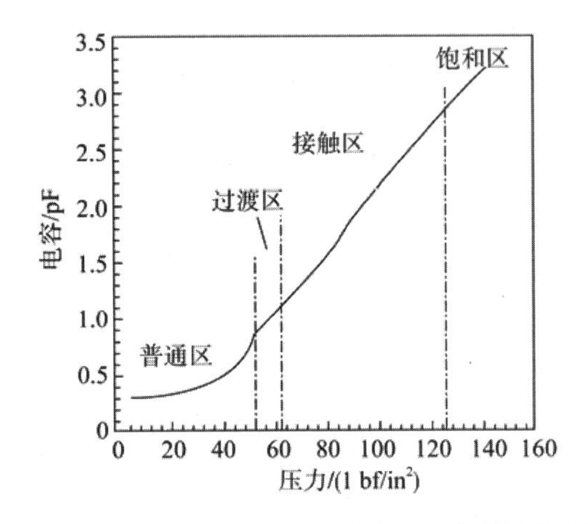

图5-9　接触式压力微传感器的电容一压力特性曲线图

同一个器件上的参考电容可用来补偿微传感器的温度特性。图5-10所示为实测的敏感电容与参考电容随温度变化的情况，两者的温度特性大致上是一样的，因此可以实现温度特性的补偿。由于参考电容设计在敏感元件上，与传统外部检测电路中采取补偿电容进行温度补偿相比，这种补偿方式得到的补偿效果更好。图5-11是2种温度补偿的效果的比较。

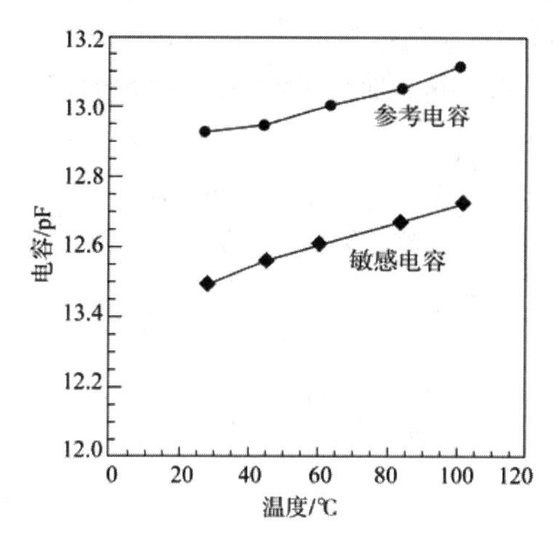

图5-10　敏感电容与参考电容的温度特性

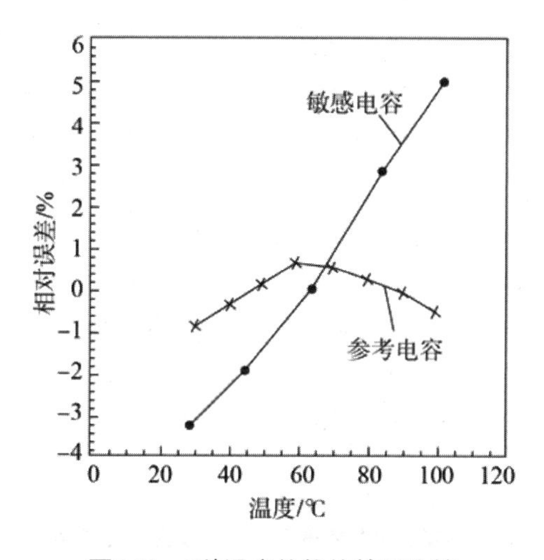

图5-11　2种温度补偿的效果比较

（二）硅谐振式压力微传感器

利用压力，改变谐振频率，对谐振频率进行测量，测出压力，这就是谐振式压力微传感器的工作原理。微谐振梁的激励大多采用热激励或静电激励。

图5-12为一种硅谐振梁式压力微传感器结构示意图，这种微传感器的工作步骤如下：首先，需要在N型衬底硅片上制作一个浅槽，扩散出P型电极。其次，与另一个N型硅片键合，并将第二个N型硅片减薄抛光至6μm，完成电极、硅梁和压阻的制作。再次，在第一个N型硅片上腐蚀出一个压力感压膜片，膜片尺寸为2mm×2mm，厚度由压力量程确定（100～270μm），谐振梁尺寸600μm×40μm×6μm。这种硅谐振梁式压力微传感器采用静电激励、压阻拾振，同时在外部设置一个专用集成电路放大设备，把信号反馈给激励电极，可以很好地维持谐振梁的等幅振动。硅谐振梁式

压力微传感器的精度为0.01%（满刻度），年漂移<100×10^{-6}（满刻度），测压范围在0.5～130kPa和0.5～3000kPa，符合航空温度环境（-55～125℃）要求。

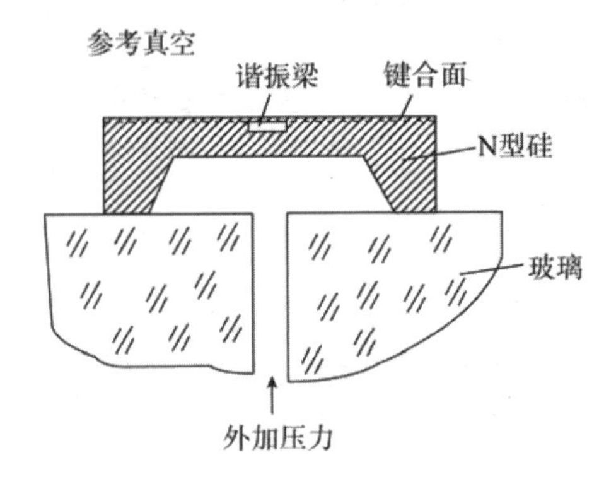

图5-12　硅谐振梁式压力微传感器结构示意图

图5-13所示是谐振梁式压力微传感器的加工工艺流程。微传感器的加工从N型硅片开始，如图5-13（a）所示；先在硅片上刻蚀出方形凹槽，如图5-13（b）所示；在凹槽上加工出P型扩散硅作为梁的激励电极，如图5-13（c）所示；然后键合上第二片硅片并减薄抛光到6μm，如图5-13（d）所示；在第二片硅片上加工出提供电绝缘的钝化层，并用离子注入方法加工出压阻，如图5-13（e）所示；在第二片硅片上刻蚀出连线孔以提供与扩散电极的电连接，如图5-13（f）所示；再用金属化方法实现电连接，如图6-13（g）所示；刻蚀下面的硅片制成方形压力敏感膜片，如图5-13（h）所示；最后在上层硅片的上表面透过2道槽刻蚀出谐振梁，如图5-13（i）所示；将所得器件与加工有压力通过孔的玻璃片键合，如图5-13（j）所示，即得到整个压力微传感器的敏感元件。

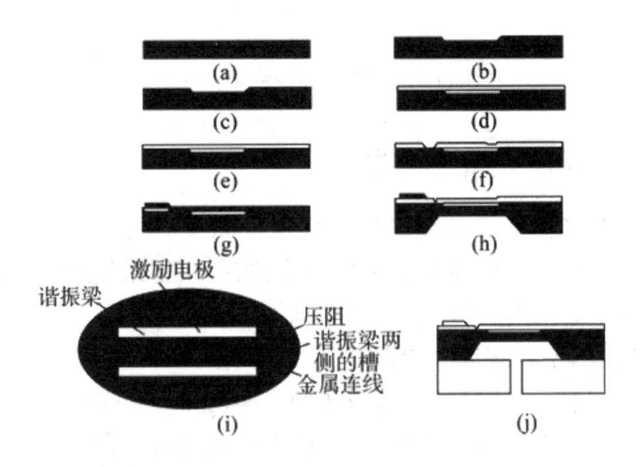

图5-13　谐振梁式压力微传感器的加工工艺流程

另一种硅谐振梁式压力微传感器的结构如图5-14所示。振动的激励方式可采用静电激励或电热激励，拾振用压阻。整个压力敏感元件由单晶硅压力膜和单晶硅梁谐振器组成，二者通过硅-硅键合成一个整体，梁紧贴膜片，其间只留空隙，供梁振动。硅梁封装于真空（10^{-3}Pa，绝压微传感器）或非真空（差压微传感器）之中，硅膜另一边接待测压力源。膜四周与管座刚性连接，可近似为四边固支矩形膜。当压力膜受到压力时，膜两侧存在压差，膜感受均布压力P将发生变形，膜内产生应力，梁也受到轴向应力的影响，这些应力会改变梁的固有谐振频率。通常情况下，在一定范围内，固有谐振频率的改变和轴向应力，以及外加压力三者之间具有很好的线性关系。因此可以通过检测梁的固有谐振频率，进而得出压力值。

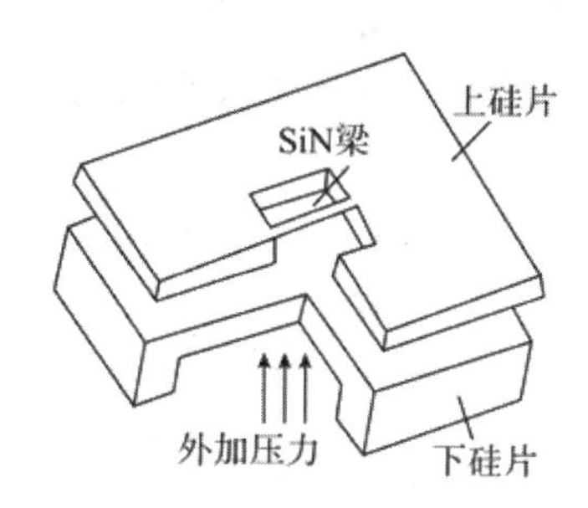

图5-14 另一种硅谐振梁式压力微传感器的结构

制作这种谐振梁-敏感膜片分体结构的压力微传感器需要用到的关键技术有多孔硅牺牲层技术、双面光刻技术、腐蚀技术（各向同性腐蚀技术、各向异性腐蚀技术、反应离子干法刻蚀技术）、低压化学气相沉积（LPCVD）生长厚约10μm的富硅氮化硅技术，硅-硅键合技术、薄膜制备技术，它以低应力厚氮化硅双端固支梁作为谐振器。

三、加速度微传感器

目前应用最多的微传感器是加速度微传感器和角速度微传感器，统称为惯性微传感器。加速度微传感器主要指线加速度微传感器，也称为线加速度计，在许多行业中有应用。

通常情况下，敏感质量块或振动块经常被加速度微传感器用来测量加速度。测量的路径如下：外部加速→质量块位移→对框架的作用力→得出结果。闭环控制系统也是其中必不可少的一部分。

下面介绍的是加速度微传感器的几点相关常识。

（1）一个质量块、一个弹性环节及一个位移微传感器通常情况下就能组成一个加速度微传感器。

（2）加速度微传感器的总体性能通常受弹性环节的机械性能和位移微传感器的灵敏度这2个方面影响。

（3）加速度微传感器的带宽与位移检测分辨率有关，前者越高，后者随之会越高。

（一）压阻式加速度微传感器

压阻式加速度微传感器是用压阻去测量质量块敏感加速度转换成的质量块的位移。图5-15为悬臂梁式压阻式加速度微传感器的结构，这种传感器是在悬臂梁的一端上固定一个质量块，在梁上安置力敏电阻，而且这个梁是弹性硅梁。当有加速度的时候，悬臂梁自由端的质量块会感受到，这时会有应力产生，其应变ε为：

$$\varepsilon=\Delta L/L=\sigma/E \tag{5-5}$$

式中，σ为应力，E为弹性模量，L为悬臂梁的长度。

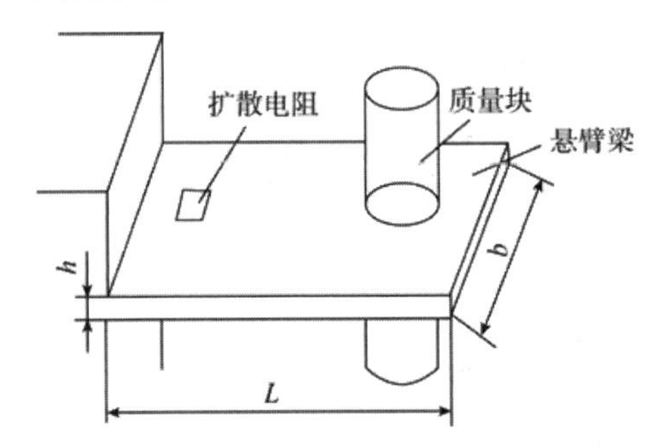

图5-15　悬臂梁式压阻式加速度微传感器的结构

由于压阻效应，应力将引起悬臂上的力敏电阻值发生变化。电阻相对变化量与应变系数的比值为力敏电阻的电阻应变系数，即

对于一个矩形等截面悬臂梁的截面，作用力与某一位置应变的关系为：

$$G=\frac{\Delta R/R}{\Delta L/L}=\frac{\Delta R/R}{\varepsilon} \tag{5-6}$$

对于一个矩形等截面悬臂梁的截面，作用力与某一位置应变的关系为：

$$\varepsilon_{\mathrm{x}}=\frac{\sigma F(L-\mathrm{x})}{(EAh)} \tag{5-7}$$

式中，ε_x——x点的应变，x——某一位置离固定端的距离，A——梁的截面积，h——梁的厚度，F——作用力。

悬臂梁自由端的挠度w与作用力的关系为：

$$w=4L^3E^{-1}b^{-1}h^{-3}F \tag{5-8}$$

由式（5-6）可知，在固定端（x=0）的应变最大，在自由端（x=L）的应变最小，幅值为零。

通常情况下，加速度微传感器取x=0，即扩散器电阻贴近于悬臂梁固定端处。将

F=ma，A=bh代入式（5-7）则得到

$$\varepsilon=6mLE^{-1}b^{-1}h^{-2}a \tag{5-9}$$

显而易见，如果梁的结构不再改变，那么$6mLE^{-1}b^{-1}h^{-2}$为常数，应变和加速度之间的关系就是正比关系。梁的长度L越长，宽度b越窄，厚度h越薄，质量块m越大，受力后产生的应变也就越大。

图5-16是一种采用（100）晶面的N型硅单晶作为悬臂梁的单悬臂梁加速度微传感器。应变最大的是x=0的时候，在其根部沿[$1\bar{1}0$]和[110]晶体分别扩散2个P型电阻，这样一个全桥电路就形成了。当悬臂梁自由端的质量块受加速度作用时，悬臂梁受弯矩作用产生应力，其方向为梁的长度方向，从而使4个电阻中，2个电阻的应力方向与电流方向平行，另2个电阻的应力方向与电流垂直。

根据电桥输出电压与电阻的关系及式（5-6），可求得加速度微传感器电桥与扩散电阻的电阻应变系数、应变、供桥电压之间的关系为

$$U_0=GU_c\varepsilon=6GU_cmLE^{-1}b^{-1}h^{-2}a \tag{5-10}$$

式中，U_0——输出电压，U_c——供桥电压，G——扩散电阻的电阻应变系数。

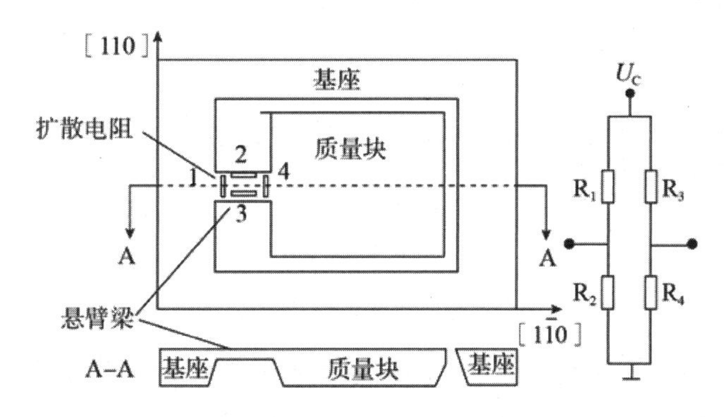

图5-16 单悬臂梁加速度微传感器结构

在测量振动加速度的时候，需要对单悬臂梁压阻式加速度微传感器的固有频率进行设置，其固有频率为

$$f_0=\frac{1}{2\pi}\sqrt{\frac{Ebh^3}{4mL^3}} \tag{5-11}$$

单悬臂梁式硅加速度微传感器结构，在一块硅片上安置敏感质量块和悬臂梁，再将这个硅片与2块玻璃键合在一起，共同形成了质量块的封闭腔，还能起到保护质量块、限制冲击和减振的作用，这就是一个完整的传感器。在悬臂梁上，通过扩散法集成了压阻。当质量块运动时，悬臂梁弯曲，于是压阻的阻值就发生变化。

这种加速度微传感器的总体积是极其小的，只有2mm×3mm×0.6mm，因此它可以被植入人的身体里面，以监测人心脏的加速度值，它的测量范围最小能达0.001g。

压阻式加速度微传感器具有体积小、结构简单、性能优良、制作工序简单等优点，非常适合测量低频加速度，缺点是对温度敏感、灵敏度较低等。

（二）电容式加速度微传感器

电容式加速度微传感器测量的是电容值，电极极板之间的电容值是由质量块的位移转换而来的，通过这个电容值可以得到加速度的数值。在温度特性方面，与压阻式加速度微传感器相比，电容式加速度微传感器对温度的变化不太敏感。

在惯性质量块上安置电容的一个电极，当外部的加速度发生变化的时候，这个电极与在衬底上固定电极之间的电容也会随之变化，由此可以看出，电容式加速度微传感器中的电容值与外部加速度之间是对应的关系。

电容式加速度微传感器测量y轴方向的加速度。为了使灵敏度更高，可以把硅片和玻璃键合在一起，这样敏感质量块就变得既厚又大。质量块一般是由一个悬臂梁来支撑。如果想对这种设计进行改进，可以把悬臂梁的数目增加到2个或者多个。

质量块在平衡位置的时候，它的上、下电容极板的间距都是y_0，相应的电容都是C。当微传感器感受到外部加速度作用时，质量块会发生位移，上、下电容分别变为

$$C_1=Cy_0/(y_0+\Delta y),\quad C_2=Cy_0/(y_0-\Delta y)$$

当Δy值很小时，对质量为m、加速度为a、弹性系数为k的二阶弹性系统来说，有ma=kΔy，其电容的变化量如下：

$$\Delta C=C_1\text{-}C_2=C\frac{-2y_0\Delta y}{y_0^2-\Delta y^2}\approx -C\frac{2}{y_0}\frac{m}{k}a \tag{5-12}$$

即电容变化和外部加速度信号之间呈线性关系，对电容变化进行检测就可以得知外部加速度的值。

这种原理的微传感器最早于1991年见诸报道，是最早成功实现商业化的加速度微传感器之一，具有±5g的测量范围和0.005g的分辨率，在现实生活中，汽车的防撞气囊就用到了这个传感器。

在敏感加速度质量块上施加一个静态平衡力，这个力由于力平衡原理会使质量块一直在接近零的位置上。这个与“位移量”大小成比例的静态平衡力就是平衡信号，由于它能够反映质量块的位移并且不让质量块偏离零点，所以它能代表加速度信号，只要知道平衡信号，就能得到加速度信号。图5-17（a）是根据力平衡概念和反馈原理设计的（零位）力平衡式硅电容式加速度传感器的结构图，其中它的敏感器件采用Si-玻璃-Si-玻璃-Si结构。这种结构是2两玻璃层（键合连接）在中间硅微结构的上、下，与悬臂梁连接的活动极板（质量块）构成差动平板电容器，如图5-17（b）所示。当有加速度a作用时，质量块沿垂直方向上下振动，这种振动使悬臂梁

的水平位置偏离，进而引起了电容量的变化。电容量AC被检测（如开关一电容）电路检测到，并由放大器A输出到脉宽调制器，脉宽调制器感受到电容变化ΔC并输出对应的调制电压信号U_E和$\overline{U}_E$，加到不同的差动平板电容器上，这样可以在活动极板相应位置产生一个静电力阻止活动极板偏离零位。静电力大小为

$$F(t)=1/2(t)\ 2\frac{\mathrm{d}C}{\mathrm{d}x} \tag{5-13}$$

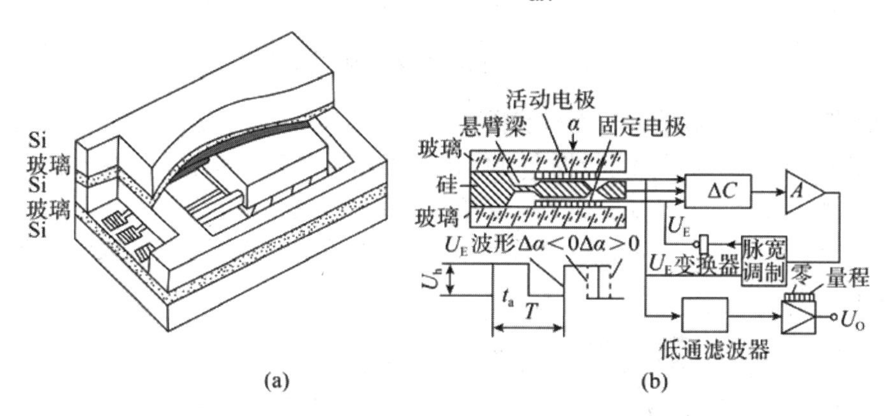

图5-17 零位平衡式硅电容式加速度传感器

图5-18为脉宽调制静电伺服系统框图，该系统的传递函数表示为

$$D(s)/[ma(s)]=G/[ms^2+\delta_s+k+G\varepsilon A_0U^2_h/(2d^2)] \tag{5-14}$$

式中，D为U_E的占空比，m为活动极板（质量块）及悬臂梁的质量，δ为系统阻尼系数，k为系统刚度，U_h为电压U_E的幅值，G为电路增益，s为拉氏因子，A_0为极板有效面积，d为板间距，ε为空气介电常数。占空比$D=t_a/T$，t_a与T分别为脉宽调制信号U_E的脉宽和周期。当增益d很大时，在低频范围内，有

$$ms^2+\delta_s+k<<G\varepsilon A_0U^2_h/(2d^2) \tag{5-15}$$

对传递函数进行简化，可以得到

$$D(s)=2md2a(s)/\varepsilon A_0U^2_h \tag{5-16}$$

显而易见，U_E的占空比D与加速度a成正比。从平板电容器的工作原理可知，板间距d越小，它的灵敏度越高。该微传感器的间距d小于1μm，因而具有很高的灵敏度，适用于检测微弱的低频加速度。

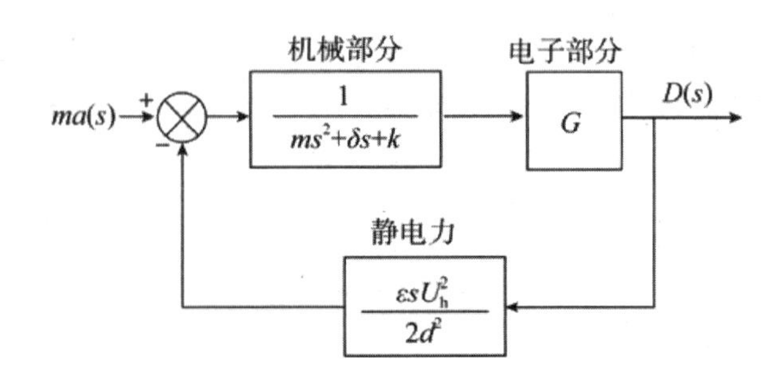

图5-18　脉宽调制静电伺服系统框图

如果把上述差动微结构改为梳状微结构，如图5-19所示，加速度方向改为水平方向，在敏感可动（质量块）极板上制作长100μm，厚2μm的横臂，则其侧面与双层固定极板侧面构成多个平行差动平板电容器。在加速度作用下，动极板沿着水平轴线振动，所有差动平板式电容器的工作原理与力平衡式硅电容式加速度传感器的工作原理都是相同的。

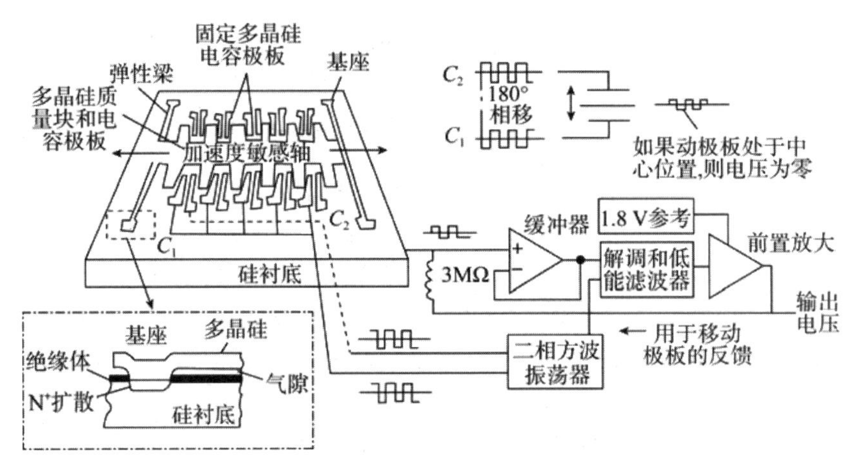

图5-19　微集成式加速度传感器

最早的电容式加速度微传感器是美国ADI公司发明的ADXL50，早在1994年，它就产品化了，它的敏感元件是用多晶硅表面加工工艺制作的，在芯片上集成有检测电路的传感器芯片。

由于空间的限制，仅仅一对电极极板所构成的电容器的电容值很小，灵敏度很低，因此ADXL50采用了梳状电极结构，通过采用多对平行电极，可在有限的空间内提高电容值，进而提高加速度传感器的灵敏度。图5-20所示为其工作原理。差动电容C_{s1}和C_{s2}作为敏感元件，由2片固定的外侧极板和可移动的中央动极板联合组成。中央动极板受加速度的作用会发生左右移动，如果没有加速度感应，C_{s1}和C_{s2}相等，如果有加速度感应，2个电容之间的差会因为敏感质量（梁）带动中央动极板移动而产生变化。

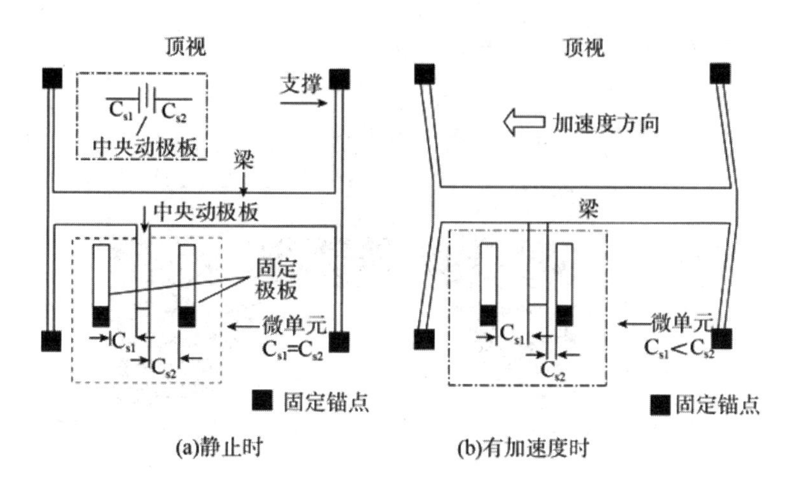

图5-20　ADXL50加速度微传感器工作原理

对电容式加速度微传感器进行改造，要从敏感结构下手。外形结构参数为6mm×4mm×1.4mm的一种四悬臂梁结构三轴加速度微传感器，它有4个带质量块的悬臂梁、4个独立的信号读出电极和4个参考电极。利用图5-21解释敏感结构及其作用机理，敏感梁有2个方面的结构特征被这种传感器应用：第一，在厚度方向的刚度很小但可以感知加速度；第二，在其他方向具有相对较高的刚度但不可以感知加速度。以正x方向的惯性力作用为例，x方向惯性力对质量块1和3的支撑梁的影响可以忽略，质量块2和4受力使其支撑梁弯曲，但实际上支撑质量块2和4的悬臂梁的厚度方向相对z轴的偏转方向相反，质量块2的位移方向背离纸面向外，相当于向外拉，质量块4则朝向纸面向里位移，相当于受压。因此，它们与底面构成的2个电容一个增大，另一个减小，形成了差动。

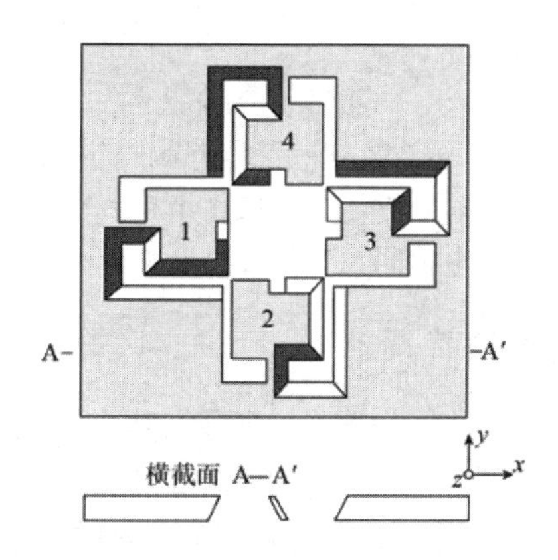

图5-21　三轴加速度计原理的顶视图和横截面图

SOI加速度传感器的横截面示意图如图5-22所示，敏感梁的厚度方向与加速度传感器的法线方向（z轴）成35.26（tan35.26 =0.707），这是各向异性腐蚀的结果。单轴加速度传感器的总体坐标系与局部坐标系的关系如图5-23所示。

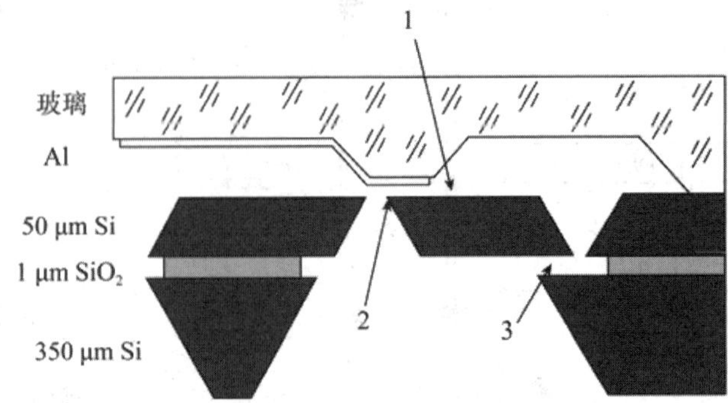

1——敏感质量块和梁（虚线部分）；2——信号读出电容、超量程保护装置和压膜阻尼；
3——超量程保护装置

图5-22　SOI加速度传感器的横截面示意图

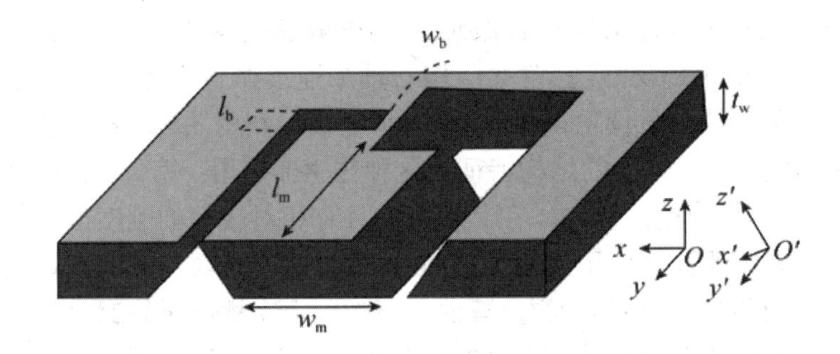

图5-23　单轴加速度传感器的总体坐标系与局部坐标系的关系

根据实际敏感结构特征，3个加速度分量为：

$$a_x=C（S_2-S_4）$$

$$a_y=C（S_3-S_1）$$

$$a_z=C（S_1+S_2+S_3+S_4）/\sqrt{2} \qquad (5\text{-}17)$$

式中，C——由几何结构参数决定的系数（$m/s^2 \cdot V$），

Si第i个梁和质量块之间的电信号（V），i=1～4。

（三）谐振式加速度微传感器

硅谐振梁式加速度传感器结构如图5-24所示。其中，塔形敏感质量块m悬挂在与其中心线平行且对称的2根起水平支承作用的悬臂梁上，悬臂梁另一端是被固定在框架上的，一根具有检测信号功能的谐振（悬臂）梁在中心轴线上。当敏感质量块m在加速度的作用下对悬臂梁产生载荷时，悬臂梁会有拉伸或压缩的应变，硅梁的谐振频率发生变化，其变化量与被测加速度成正比。

由图5-24（*b*）可见，支承梁（A-A’剖面）比谐振梁（B-B’剖面）不仅短还厚，其长度比和厚度比与谐振频率的灵敏度有关。如果以下尺寸是已知的：硅框基

底4mm×4mm×1.3mm，敏感质量块1.55mm×2mm×0.3mm，支承梁0.35mm×0.2mm×0.022mm，谐振梁0.7mm×0.2mm×0.0055mm，那么梁的长度比为0.5，厚度比为4。以这样的尺寸构成的整个悬挂系统固有频率约为1.5kHz。谐振梁尺寸由基本谐振频率100kHz（不受加速度作用时）和灵敏度（如选200Hz/g）决定，这个谐振频率值（100kHz）应比整个悬挂系统的谐振频率（1.5kHz）高出几十倍。

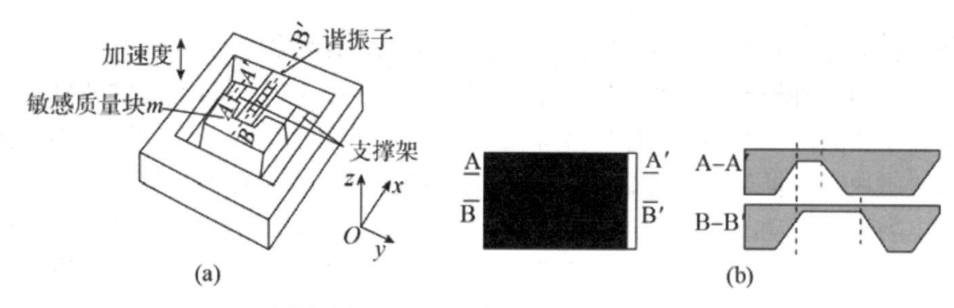

(a)硅谐振梁式加过度传感器结构;　(b)支承梁与谐振梁

图5-24　硅谐振梁式加速度微传感器原理结构图

工作时，交变电压U_{ac}=cosωt如和直流偏压U_{dc}加在制作在谐振梁表面的激励电阻上，这样谐振梁沿中心轴线方向会有交变热应力，当其固有频率等于梁的谐振频率时，阻值就会与谐振频率的趋势一样，检测电桥输出同频变化的电压信号。当有沿垂直（z轴）的加速度作用无敏感质量块m时，敏感质量块m将沿z轴方向向下移动，使支承梁弯曲。另外，因谐振梁与支承梁的厚度不一样，两者的中性轴没在同一个平面上，这也是谐振梁发生拉伸（或压缩）应变的一个原因，该应变（应力）附加在交变热应力上，改变（无质量块m作用时）自身谐振频率，其改变量与（质量块m）被测加速度成函数关系。

四、微机械陀螺

20世纪80年代后期，有一项新的技术开始发展，它就是微机械加工技术和陀螺理论二者融合的成果——微机械陀螺。从应用前景上看，它能用于卫星、飞机、汽车、工业机器人、摄影、玩具、医疗器械的方向定位和姿态测量等民用或商业领域，也是航空航天、兵器等领域中运载器控制系统或惯性导航、制导系统必不可少的敏感元件。实现微陀螺的微机械结构方式有谐振式和框架驱动式2种。

下面简单介绍框架驱动式微陀螺的结构原理。

（一）微机械陀螺的工作原理

经典力学中的哥氏效应理论是微机械陀螺的工作原理。对于刚体内质点的复合运动，如果牵连运动是旋转运动，则除了有相对加速度、牵连加速度外，还有哥氏加速度，其表达式为：

$$a=2\omega v \quad (5\text{-}18)$$

式中，a为哥氏加速度，ω为旋转加速度，v为垂直于旋转轴的速度分量。

按照结构划分，微机械陀螺一般会被分为振动式和转子式两类。前者的研究较多，它利用振动质量块被基座带动旋转时产生的哥氏加速度来测量角速度。

（二）硅微框架驱动式陀螺

硅微框架驱动式陀螺的结构原理如图5-25所示，该结构包括内框架和外框架。相互正交的内、外框架轴（图5-25中的1和2为支撑内框架，3和4为支撑外框架）都是一对扁平状的挠性枢轴，二者绕自身轴向的抗扭刚度比较低，但抗弯刚度比较高。将检测质量块在内框架上进行固定，在外框架两侧设置一对对称的驱动电极，可以通过静电力进行驱动。在内框架两侧设置一对敏感电极检测角速度信号，这4个电极对仪表壳体而言是相对固定的。由于利用了微机械加工技术，所以整个装置的尺寸是微米级。

在静电力的驱动下，外框架、内框架和质量块共同围绕驱动轴高频振动，但振动的角度特别小。假设角振动波形为正弦波，振幅为θ_0，角频率为ω_n，则振动角位移θ为：

$$\theta=\theta_0\sin\omega_n t$$

由于θ比较小，所以检测质量块上各个质点的振动都可以看作线振动。在检测质量块上随便选取一个质点（记作P），把它在坐标系中的坐标记为（x_i，y_i，z_i），如图5-26所示，则P在x轴的振动线速度为

$$v_{ix}=\theta'_{2yZi},\ v_{iy}=0,\ v_{iZ}=-\theta'_{2yXi} \quad (5\text{-}19)$$

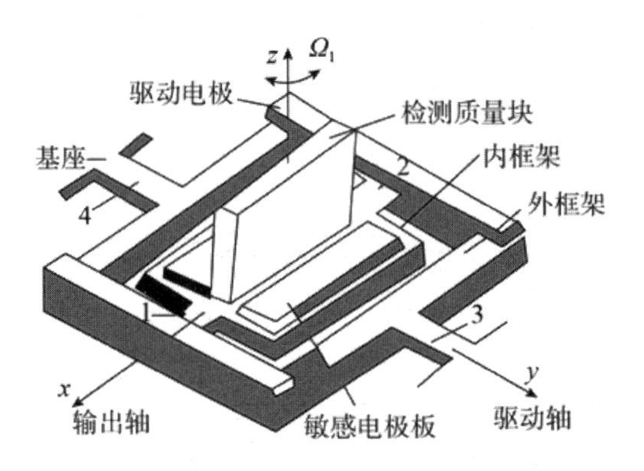

图5-25 硅微框架驱动式陀螺的结构原理图

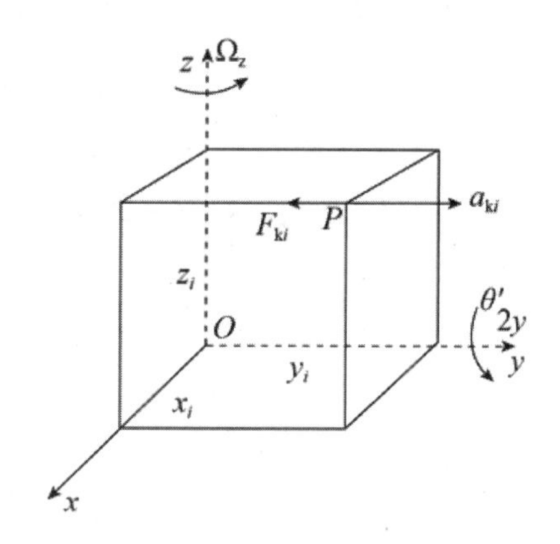

图5-26　质点的振动

当陀螺基座绕z轴以加速度Ω_Z相对惯性空间转动时，质点P的哥氏加速度大小为：

$$a_{ki}=2\Omega_Z\theta'_{2yZi} \tag{5-20}$$

沿y轴为正方向。

设质点P的质量为m，那么这个点所受到的哥氏惯性力为：

$$F_{ki}=m_ia_{ki}=2m_i\Omega_Z\theta'_{2yZi} \tag{5-21}$$

方向与哥氏加速度相反，也就是沿y轴为负方向。

这一哥氏惯性力形成的绕输出轴（x轴）的哥氏惯性力矩为：

$$M_{ki}=F_{ki}Zi=2m_i\theta'_{2yZi2} \tag{5-22}$$

当陀螺整体在绕z轴输入的角速度下工作的时候，每个在内框架上的质点都有哥氏惯性力矩，这些力矩的总和就是全部振动质点哥氏惯性力矩的总和。

内框架会因为哥氏惯性力矩绕输出轴做高频微振动，这时候的振动频率等于静电驱动频率，振幅与输入角速度呈线性关系。如果想要得到所测的角速度，只要检测出内框架的振幅即可。

磁微传感器所敏感的是与磁场有关的参量。了解磁微传感器的工作原理，需要先了解描述磁场的一些常见物理量。霍尔传感器、磁电导微传感器、磁致电流微传感器等是根据输出信号的形式分成的几类磁微传感器。

五、微型磁通门磁强计

磁感应式传感器中有一种叫作磁通门传感器，这种传感器可以测量直流或低频磁场的大小和方向。与其他可以在室温下使用的固态传感器相比，它的灵敏度最高，可以检测到10^{-9}～10^{-10}T，而一般的检测范围为10^{-4}～10^{-10}T。目前，飞机、导弹、卫星、汽车和潜艇的导航系统中已经普遍使用这种磁通门。另外，在工业中，位置传感器、非接触型流速计、非接触型电流测量、金属物体探测、古磁学测量、磁性油墨的读出等也都可以应用磁通门。

（一）磁通门的结构原理

图5-27（a）所示是磁通门的基本结构，截面积为A的磁芯具有图5-27（b）所示的磁滞回线，激发线圈受外加电压U_{exc}激发，再读出线圈中得到的感应电压U_{ind}，H_0为被测磁场，μ_i为磁芯的有效相对磁导率。

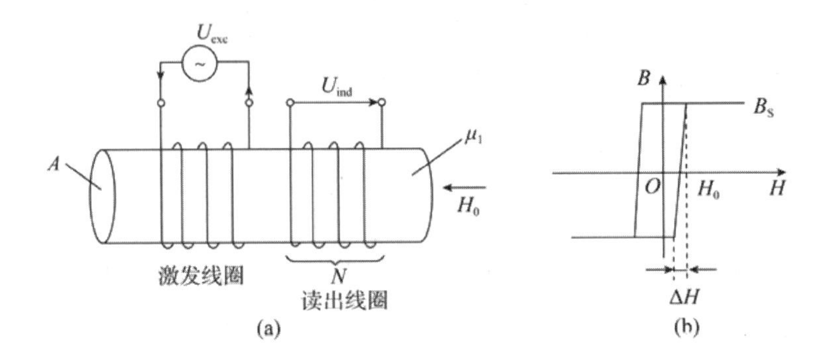

图5-27　磁通门的基本结构

当磁芯受到由激发线圈产生的三角波交流磁场激发时，该交流磁场的峰值必须足够大才能使磁芯饱和，之后再读出线圈中感应出的一个周期脉冲电压，如图5-28中的实线所示。

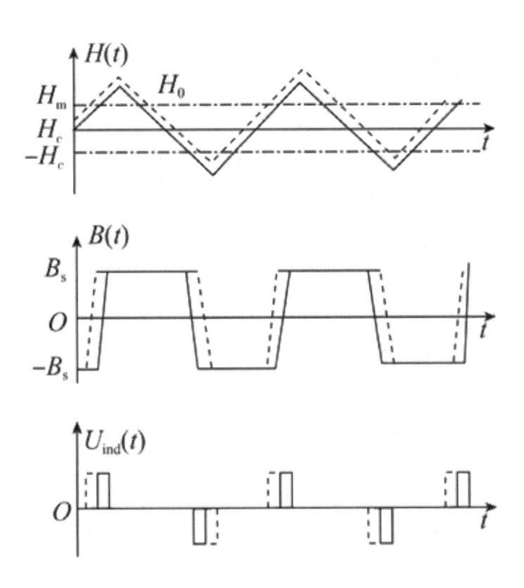

图5-28　单芯磁通门的二次谐波工作原理

感应脉冲的相位在外加（被测）磁场为H_0时会发生变化，如图5-28中的虚线曲线所示。如果对这个脉冲的相位变化进行分析，外加磁场大小会被测量出来。最常用的工作原理基于以下事实：当施加外磁场时，在读出线圈中将产生偶次谐波，尤其是二次谐波。通过傅里叶分析，它的二次谐波电压为

$$U_2=\frac{8NA\mu_0\mu_i H_m f}{\pi}\sin\frac{\pi\Delta H}{H_m}\sin\frac{\pi H_0}{H_m} \quad (5\text{-}23)$$

式中，N为读出线圈的圈数，A为磁芯截面积，f为激发频率为真空磁导率，$\Delta H=2B_s\mu_0^{-1}\mu_r^{-1}$（$B_s$为饱和磁通密度）。若$H_0<<H_m$（$H_m$为激发磁场峰值），则磁灵敏度$S_B$（单位：V/T）为

$$S_B=8NA\mu_r H_m f\sin\frac{\pi\Delta H}{H_m} \quad (5\text{-}24)$$

在最佳的激发条件下，也就是当激发磁场峰值H_m等于饱和磁场的2倍（$H_m=2\Delta H$）时，磁通门的磁灵敏度为8NAMrf。

（二）微型化实现

航空航天中磁通门磁强计通常都是用机械手段制备的，激励线圈和接收线圈也是用机械绕线方式制作的，磁芯则采用磁导率较低的大块的金属磁性合金，且磁导率较低，由于接口电路与磁通门传感元件分开制造，这导致了体积大、质量大、灵敏度低、长期稳定性差等缺点。20世纪90年代，MEMS技术发展加快，这为磁通门磁强计微系统的研制提供了有效可靠的途径。

磁通门磁强计的微型化和接口电路的集成化是磁通门磁强计实现微型化的必然要求。采用MEMS技术和CMOS工艺，可将磁通门传感器元件（包括激励线圈、接收线圈、溅射磁性薄膜或电镀磁性薄膜）、界面控制电路集成在同一芯片上，形成磁通门微磁强计系统。图5-29给出了图5-27（a）所示结构的磁通门磁强计的2种微磁通门结构形式。在图5-29（a）中，先通过微机械加工（如硅的各向异性腐蚀）在硅片上刻出一个U形槽，接着在槽的上面形成金属线圈的下半部分，在制备一层绝缘膜之后，再制备坡莫合金磁芯。在制备第二层绝缘膜之后，再制备金属线圈的上半部分。线圈的上、下部分合在一起，就形成一个绕在坡莫合金磁外部的完整线圈。用同样的方法也可制作如图5-29（b）所示的结构，但不需要开U形槽。

磁通门微磁强计是一种磁调制器，用作测量磁场的探头。选用不同的测量探头不仅可以对均匀直流磁场和梯度磁场进行测量，还可以对弱磁材料的磁导率进行检测。

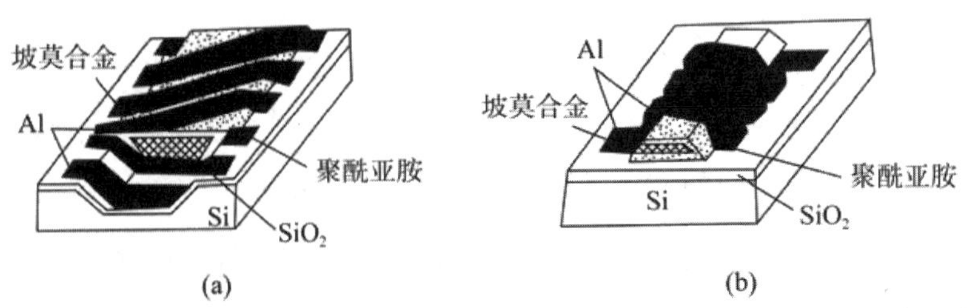

(a)开U形槽的微磁通门磁芯线圈结构示意图; (b) 不开槽的微磁通门磁芯线圈结构示意图

图5-29　微磁通门的2种结构形式

第三节　热和红外辐射量微传感器

一、声表面波温度传感器

声表面波温度传感器是利用声表面波的传输速度与温度有关的特性来实现的，这种传感器的温度敏感特性取决于压电晶体的切型及所采用的压电材料。基于延迟线SAW振荡器的温度传感器可达到10^{-6}℃的分辨率，线性度及滞后特性都比较理想。敏感元件对表面质量负载的变化异常敏感，因此必须封装在密封外壳中。

声表面波器件响应速度快、工作频率高，这类温度传感器可实现远程无线温度检测。

利用声表面波器件本身的高频特性及基片的压电特性，可通过无线发射-接收技术，实现敏感器件本身的无源化。这种传感器的工作原理有些类似于无线电技术中的雷达。测量仪器发射访问脉冲信号，连接在声表面波敏感器件上的天线接收访问脉冲信号，并将其转换为器件表面的声表面波。经被测参数调制后的声表面波再转换为电信号，经天线发射出去。检测仪器接收到的回波信号中就包含了被测对象的信息。这类传感器的敏感元件本身是无源的，是一种真正的无源无线传感器，因此无须像通常的无线IC卡那样利用天线耦合得到所需电源。

无源无线声表面波传感器的敏感元件同样有2种形式：延迟线型及谐振器型，如图5-30所示。与有一对发射-接收IDT的延迟线型传感器不同，无源无线的延迟线型声表面波传感器一般只有一组与天线连接在一起的IDT，既作为发射IDT，也作为接收IDT。而延迟时间则是通过在器件上与IDT间隔一定距离制作声表面波反射栅的方式实现的。延迟时间通过提取回波信号的相位差实现。

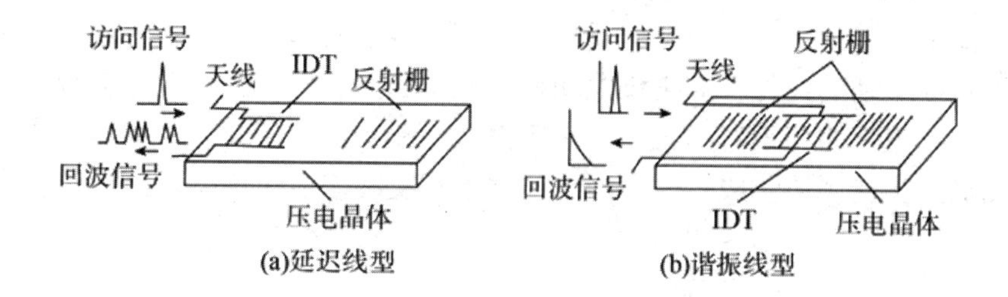

图5-30　无源无线声表面波传感的2种形式

应用于温度检测时，这种无源无线声表面波传感器所采用的主要为延迟线型形式。

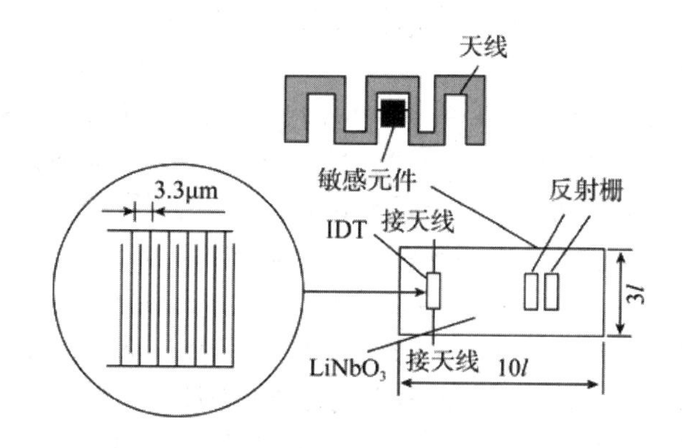

图5-31　微型无源无线声表面波温度传感器

如图5-31所示，在陶瓷、玻璃或硅基片上制作一层铌酸锂（$LiNbO_3$）薄膜，在薄膜上制作金属铝薄膜，然后采用平面光刻工艺制作一对连接到微波天线上的IDT以及一对反射栅。工作时，天线将接收到的频率调制电磁信号转换为电信号，通过IDT激励起声表面波。声表面波传播到反射栅处，发生反射回波，到达IDT后，再次转换为电磁波信号发射出去。由于2个反射栅的位置不同，因此反射回波的时间间隔与元件的温度有关。由于延迟时间的间隔很小，因此一般要通过相位检测的方式进行测量。假设两反射回波的延迟时间分别为τ_1和τ_2，访问信号调制频率（与IDT的谐振频率相等）为ω_0，则两回波信号之间的相位差为：

$$\Delta\phi=\omega_0\alpha（\tau_2-\tau_1）\Delta T \tag{5-25}$$

式中：ΔT为温度变化量；α为压电材料决定的温度灵敏度系数，对于铌酸锂薄膜，$\alpha=9.4\times10^{-5}/K$。访问信号调制频率为905MHz时，这种传感器在20～130℃时的敏感特性呈现很好的线性，检测灵敏度可达3.1 /℃。当相位检测分辨率为1°时，温度分辨率为0.3℃。

这种温度传感器的检测精度并不是很高，其突出优势在于检测方式，在一些严格限制不能采用有线方式为传感器提供电源的场合非常适用。另外，这种传感器还可嵌入旋转或运动的部件，如飞机发动机、汽车轮胎、火车车轮等，实现运动部件的温度检测。虽然访问系统的工作频率较高，电路组成比较复杂，但器件本身容易采用微细加工工艺制作，成本低廉，是一种很有发展前途的传感器。

二、红外热敏微传感器

其实，红外热敏微传感器的原理并不复杂，它就是一种把红外辐射转变为热，再测量这个转变过来的热的间接测量红外辐射的器件。在生活中的各个领域都能应用到红外热敏微传感器，如监视、军事、安全、医学及电子产品等。这类产品在市场上非常有优势，是因为它制作成本低、性能好、可以批量生产，整体上看性价比很高。它的实现方法由于大量的需求而种类很多，如热敏电阻、热电偶、热释电、热膨胀等热测量方式。

微传感器中应用热敏电阻测量红外辐射的一类传感器被称为辐射热测量器。在组成它的2个或者多个热敏电阻中，一个仅作参考之用，不会被入射辐射影响到，另一个作为辐射敏感元件。通常，在惠斯通电桥中相对的2桥臂上的2个电阻之间需要存在精密匹配的关系，因此还需要选用半导体型（如硅或InSb）或热敏电阻型的敏感元件。恰当波长的滤光窗作为封装的一部分与敏感元件集合在一起，目的是弥补敏感元件对波长敏感的缺陷，其响应度的典型值为300V/W。在没有滤光窗的情况下，这种传感器输出的波长响应曲线基本没有任何波动。

辐射热测量器运用了微加工技术。因为热绝缘微结构现今的技术已经成熟，所以微传感器的性能也更加优良。图5-32是红外光微传感器的结构图，图中所示的传感器的加工为使热敏材料能够有热绝缘的性能而采用了体加工的方式。敏感膜片采用一个窄的氮化硅支承梁来支撑，并且应用了真空沉积技术，在膜片上覆盖了一层温度敏感膜。这种敏感膜的材质一般选用钍、氮化钛（电阻温度系数约为0.24%/℃）及氧化钒（VO_x，电阻温度系数约3%/℃）。辐射热测量器具有比较低的1/f噪声。在一个衬底基片上如果有许多岛状结构，就能实现红外光微传感器阵列。有一种红外光微传感器，它的材质是氧化钒，它的技术是300K的黑体辐射测试，最终能得到7×10^4V/W的响应度。

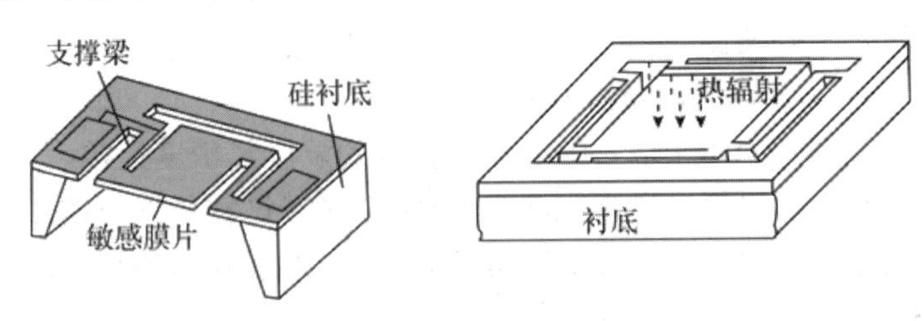

图5-32　热辐射测量器型红外光微传感器结构

红外热辐射的另一种测试方法是利用热电偶。一般情况下，把很多热电偶串联，也就是热并联成热电堆在一起，这样可以制成一个输出电压比普通热电偶大很多的热电堆。如果把金黑、铋黑这样的辐射吸收层材料涂在热电偶的热端上，就能实现入射的红外辐射与热之间的转换，接着有电压信号生成。

热电堆不用其他的参考元件来做补偿，自己就有电压，在热端和冷端之间有温度差的情况下，热电堆中就有直流响应，并且它的响应时间普遍在5～10μs，属于比较快的速度。这些都是热电堆相比于热辐射测量器型微传感器具有的优势。

热电堆元件的冷端和热端有不同的作用，冷端为了使热沉效果更好而被安置在硅衬底上面，热端为了能吸收红外辐射而做成了黑色的吸收体。红外辐射会引起温度的改变，温度的上升量是由红外光强度决定的。为了使微传感器的性能更好，就要使冷端和热端之间的温度差更大，这就要求制作的热电堆中的热电偶材料是2种不同的材料，并且放在热传导率比较低、热电容也比较低的薄膜片上。

从理论上讲，热电堆对红外辐射产生响应与环境温度没有关系，但实际的情况并不理想，器件的输出在不同的温度环境中是不同的，因此需要进行补偿，通常选用一个能感受环境温度变化的热敏电阻放置在元件中，这样就能对热电堆的输出特性进行补偿。另外，滤光窗参数的设计因热电堆对入射波长不敏感的特性变得尤为重要。

图5-33所示是这种热电堆的一种检测电路，U_{th}为温度检测信号，U_o为红外辐射检测信号，U_i为基准电压。

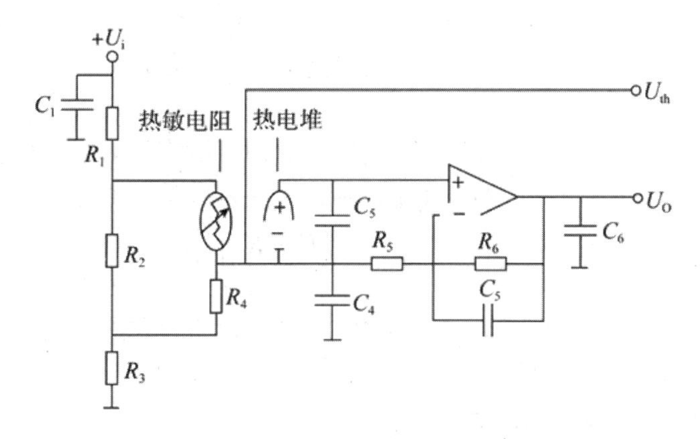

图5-33　带温度补偿的热电堆检测电路

三、基于MEMS技术的气体微传感器

基于MEMS的新型微结构气敏传感器主要有硅基微结构气敏传感器和硅微结构气敏传感器。硅微结构气敏传感器主要是金属氧化物-半导体-场效应管（MOSFET）型和钯金属—绝缘体—半导体（MIS）二极管型。硅基微结构气敏传感器是一种微

结构气敏传感器，其衬底为硅，敏感层为非硅材料，主要有金属氧化物半导体型、固体电解质型、电容型和谐振器型。MEMS技术将传感器与IC电路进行集成，精度相对较高，体积相对较小，质量相对较轻，功耗相对较低，选择性相对较好，稳定性相对较高，同种器件之间具有良好的互换性，可以进行批量生产，所以可作为传感器工艺的发展方向，另外，几乎所有的传感器都可行MEMS技术生产。

（一）氢敏MOS场效应管传感器

1．原理与结构

氢敏MOS场效应管（MOSFET）与普通MOSFET的区别在于栅极G用的是*Pd*，故又称氢敏场效应管为*Pd*-MOSFET。

*Pd*对氢气（H_2）有很强的吸收和溶解性，因此氢分子被吸附到栅极上后迅速分解为氢原子，在*Pd*-SiO_2界面上形成氢原子层，引起*Pd*功函数改变，从而改变MOSFET的阈值电压U_T。此阈值电压的变化和器件特性反映了氢气的体积分数，因此通过测量无氢气和有氢气2种环境下的瞬时值，可测得氢气的体积分数。

设在无氢气的环境下，晶体管的阈值电压为U_{T0}。有氢气存在时，晶体管的阈值电压降低为U_{Ta}，晶体管的阈值电压变化量为ΔU_T，氢气的体积分数为P_H。ΔU_T和P_H的值与测量环境中有无氧气有关。当测量环境中无氧气存在时，有

$$\Delta U_T=U_{Ta}-U_{T0}=\frac{\Delta U_{\mathrm{M}}K\sqrt{p_{\mathrm{H}}}}{(1-K\sqrt{p_{\mathrm{H}}})} \tag{5-24}$$

若测量环境中有氧气存在，则关系式就复杂一些，变成

$$\Delta U_T=U_{Ta}-U_{T0}=\frac{\Delta U_{\mathrm{M}}K\sqrt{\frac{p_{\mathrm{H}}}{p_{\mathrm{o}}^2}}}{(1-K\sqrt{\frac{p_{\mathrm{H}}}{p_{\mathrm{o}}^2}})} \tag{5-25}$$

式中：*k*、*A*为常数，$0.5 \leqslant a \leqslant 1.0$；$\Delta U_M$为晶体管的最大阈值电压变化量；$P_H$、$P_O$分别为氢气和氧气的体积分数。

2．MOSFET气敏传感器的特性

（1）灵敏度：气敏MOSFET的灵敏度定义为器件阈值电压与气体体积分数的关系。当有氧气存在时，氢分子和氧分子在*Pd*表面发生化学反应，生成水分子，由于水分子吸附在*Pd*表面，使氢的覆盖系数减小。氧气密度越大，氢的覆盖系数越小，从而影响了器件的灵敏度。

（2）温度特性：氢气敏感传感器在室温和惰性气体中，有一定的灵敏度，但响应时间或恢复时间太长。通过实验得到，*Pd*栅气敏MOSFET的工作温度最好选择在150℃附近。

（3）响应特性：Pd栅气敏MOSFET的阈值电压会因为气体浓度产生阶跃型变化，随着时间变化，趋于稳定值。可以用响应时间和恢复时间来描述的气敏MOSFET的响应特性决定了这种变化。响应时间指的是器件从氢气阶跃变化开始直到稳定值的95%经历的时间。恢复时间是器件的气体环境突然从氢气变为空气，器件输出达到稳定值的95%时消耗的时间。

（4）稳定性：Pd栅气敏MOSFET的阈值电压从ΔU_T随时间发生漂移现象，主要有2方面因素决定其稳定性，分别是气敏传感器Pd栅膜层的鼓包现象和Pd-SiO_2-Si结构在氢气中的滞后现象。由于这种传感器刚刚成形，它的特性还没有那么稳定，因此还不能用Pd-MOSFET定量检测氢气的体积分数。只能用于H_2的泄漏检测。

（二）MIS二极管型氢敏传感器

MIS二极管的伏安特性对氢气比较敏感，也就是说，当改变氢气体积分数时，伏安特性会明显发生改变，所以可用于氢气的检测。加热器和测温元件是MIS二极管型微结构氢敏传感器的2个部分，这种传感器是由C-W储备大学开发的，它与之前的传感器相比，在电极金属上做了改动，将原来的Pd换成了Pd-Ag合金，使灵敏度和耐久性得到了质的飞跃。现在运用的工艺技术是集成电路工艺，用来制造加热器、测温元件和MIS二极管，然后采用牺牲层工艺从背面将硅片进行选择性的减薄。

在测量氢气的体积分数时，无论是正偏状态还是反偏状态，这种测氢二极管都可以进行正常的测量工作：用恒流源正偏置M1S二极管，体积分数就可以通过正偏压降定量显示；用恒压源反偏置MIS二极管，体积分数就可以通过反向漏电流定量显示。

（三）SnO_2氧化物薄膜气体微传感器

利用MEMS工艺制作的可控制温度的电导敏感元件。气体微传感器以及微传感器阵列的制作方式不太复杂，是用中央部位表面有纳米材料的气体敏感薄膜（如SnO_2）的基础元件制成的。它有很多优点，比如，有很小的体积、较低的功耗，而且能够批量生产。但是这类气体微传感器也有不可避免的问题，如硅基底材料的立体加工工艺问题、元件的可靠性问题和元件以及敏感材料之间的兼容性问题。

SnO_2氧化物薄膜气体微传感器应用了上述元件。温度能够影响SnO_2氧化物薄膜对气体的敏感特性，原理是气体分子在表面的吸/脱附过程、气体分子在表面的吸附量以及反应速度等都与温度有一定的关系。

此外，温度还会引起微结构的尺寸变化。因此，这种SnO_2氧化物薄膜结合可控温元件的微传感器比传统形式的SnO_2氧化物薄膜气体微传感器有明显的优势。

在元件特性方面，加温元件的位置和表面薄膜制作时微结构的控制这2个问题是在制作一个元件时着重研究的。温度对元件的性能有影响，当温度变化时，元件对各种气体成分的敏感特性也会发生改变，所以从元件工作温度的控制入手可以对敏感元件的气体敏感特性进行调节。

集成有9个敏感元件的器件与CMOS工艺兼容，有极小的体积，这就使它的热惯性也很小，温度变化率可达到10^5～10^6℃/s。尤其重要的是，它采用脉冲式电流原理的加热器提供加热。

在不一样的工艺下做成的SnO_2氧化物薄膜对甲醇的敏感特性。灵敏度在微球型颗粒多孔膜有效的表面积大于其他的薄膜的时候更高。通过在阵列中制作不同的集成9个敏感元件的芯片掺杂特性的敏感薄膜，可实现具有不同敏感特性的气体微传感器阵列，结合温度控制（各元件的温度可分别控制），即可实现一种“电子鼻”。利用模式识别，可从微传感器阵列输出信号中得到被测气体的气味信息。

第六章　智能传感器技术与网络化及接口

第一节　智能传感器概述

一、智能传感器的定义与结构

智能传感器的概念最初是美国航空航天局在开发宇宙飞船的过程中形成的。为保证整个太空飞行过程的安全，要求传感器精度高、响应快、稳定性好，同时具有一定的数据存储和处理能力，能实现自诊断、自校准、自补偿及远程通信等功能，传统传感器在功能、性能和工作容量方面不能满足这样的要求，于是智能传感器应运而生。

智能传感器是传感器、计算机和通信3种不同技术的结合。智能传感器主要由传感器、微处理器及相关电路组成。传感器将被测量转换成电信号，送到信号调理电路，经滤波、放大、A/D转换送入微处理器。微处理器对接收信号进行计算、存储、分析处理后，一方面通过反馈回路调节传感器与信号调理电路，以实现对测量过程的调节和控制，另一方面将结果送至输出接口，通过接口电路处理后按输出格式和界面定制输出数字化的测量结果。智能传感器的"心脏"是微处理器，软件部分的运算和相关调节与控制必须通过微处理器实现。智能传感器的发展经历了分散式到集成式的变化。

二、智能传感器的功能与性能特点

智能传感器相对传统传感器在功能上有很大的提高，几乎包括了仪器、仪表的全部功能，主要表现在以下方面。

（1）逻辑判断、统计处理功能。

（2）自检、自诊断和自校准功能。

（3）软件组态功能。

（4）双向通信和标准化数字输出功能。

（5）人机对话功能。

（6）信息存储与记忆功能。

根据应用场合的不同，目前推出的智能传感器可选择具有上述全部功能或部分功能。

三、传感器智能化的途径

目前传感器智能化的3种可能途径：利用计算机合成，即智能合成；利用特殊功能材料，即智能材料；利用功能化几何结构，即智能结构。智能合成的原裡是将传感器装置与微处理器相结合，从而使传感器智能化，在现在的实际应用中，这种途径占主导地位。

按传感器与计算机的合成方式，目前的传感技术沿用以下3种具体方式实现智能传感器。

（一）非集成化的模块方式

由于智能传感器众多的组成模块之间相互独立，所以通常将信号处理电路、输出电路，微计算机、显示电路和传感器本体（运用非集成化工艺制作的传感器只能获取信号）装配在同一壳体内，组合为一个整体，构成一个智能传感器系统。这是一种较实用的智能传感器，集成化程度不高，体积偏大，如电容式智能压力（差）变送器系列产品。

（二）混合实现

在实际应用中，可根据需要，将系统各集成化环节，如敏感单元、信号调理电路、微处理器、数字总线接口等各个部分，以不同组合方式集成在2块或3块芯片上，并装配在同一外壳里。目前，混合式智能传感器由于具备突出的优点以及生产相对容易而被广泛应用。

（三）集成化实现

利用MEMS技术和IC工艺技术，将传感器敏感元件与电子线路集成在同一芯片上，使其获得强大的功能，其具有的功能通常包括信号的提取和处理、双向通信、逻辑判断、量程切换、自动处理数据和自动进行修正等，所以可将其称为集成智能传感器（integrated smart/intelligent sensor），国外称之为专用集成微型传感技术（ASIM）。

这种集成智能传感器在应用过程中具有很多优点，如体积小，简化了机器设备；和强大的电子线路结合，速度快；操作简单便捷，降低了生产成本。集成智能传感器由于其具备的优点，现在是学术界研究的前沿方向，也是科技人员关注的焦点。

第二节　基本传感器的选用原则

按系统的组成划分，智能传感器包括基本传感器（传感器本体）、信号调理电路、接口（A/D、D/A等）、微处理器系统和软件等。基本传感器是智能传感器的基础，在很大程度上决定着智能传感器的性能，因此其选用、设计至关重要。基本传感器的选用原则如下。

第一，采用微结构方式。目前的微结构传感器，特别是其中的硅传感器、光纤传感器以及石英、陶瓷等材料制作的先进传感器，因其优良的物理性质，或与硅集成电路工艺良好的相容性，或易构成阵列式，这些都为设计智能传感器提供了基础。

第二，选用具有准数字或直接数字输出的传感器。为省去A/D和D/A变换，需要进一步提高智能化传感器的精度，发展直接输出数字或准数字信号的传感器，并与微处理器控制系统配套，例如，无需A/D变换的硅谐振式传感器。

第三，优先考虑重复性和稳定性指标。以往传感器的设计和生产最希望传感器的输出-输入为线性。在智能化传感器的设计思想中，基本传感器并非一定要线性，只需要其重复性和稳定性好。基本传感器的非线性可用微处理器补偿，只要把表示传感器特性的数据及参数存入存储器中，就能用来补偿非线性。

然而，传感器的迟滞和重复性仍是相当棘手的问题，主要原因是引起迟滞和重复性误差的机理非常复杂，无规律可循，利用微处理器不能彻底消除它们的影响，只能有所改善。因此，在基本传感器的设计和生产阶段，应从材料选用、结构设计、热处理和稳定处理以及生产检验上采取合理而有效的措施，力求减小传感器的迟滞误差和重复性误差。

第四，减小材料缺陷和内在特性对长期稳定性的影响。传感器的输出信号并不是一直稳定的，而是会随时间发生变化，即漂移，这个误差难以解决，是系统性误差。应在传感器的生产阶段解决问题，从而保证输出信号的稳定性，通过克服材料的缺陷，保证材料的精度，使输出信号可以长期稳定。可通过远程通信和控制功能，现场校验基本传感器。

第五，改善动态特性。传感器在实际测量背景下的动态响应改善，可在掌握其具体的应用背景的动态特性规律的基础上，考虑是从硬件途径还是软件途径进行。

总之，在智能化传感器中基本传感器的某些不易在系统中进行补偿的固有缺陷，应考虑在传感器本体生产阶段实现补偿，然后在系统中再对其进行改善。

第三节　智能化的实现方法和技术

传感器朝着智能化方向发展，是传感器克服自身固有缺点，获取高可靠性、高精度、高分辨率以及自适应能力的必然选择。无论采用哪种实现方式，都是使用最少的硬件，将传感器与运用强大的计算机软件程序化控制进行结合来建立智能传感器系统。

非线性误差影响测量精度。非线性自校正功能恰恰可以消除传感器系统的非线性系统误差。智能化的非线性校正通过软件可以实现，这也是其与传统传感器的不同之处。它没有过多地关注测量系统中任一测量环节中非线性的严重性，而是要求输入—输出特性具有重复性，没有必要耗费过多的精力改善实际测量中每个测量环节产生的非线性因素对结果的影响。

智能传感器的实时自校零和自校准功能。在测量过程中，采用计算机程序实时控制测量系统进行智能化校准，能够消除温度、电源电压波动等引起的动态系统误差，进而大幅度提高测量系统的精度与稳定性。相较于普通测量系统，采用自校准技术可以获得较高精度的测量结果。测量时，选择的基准决定了检验结果的准确性，因此测量系统中各个测量环节并非都必须具备较高的稳定性和重复性，只保证有高精度、高稳定性的参考基准即可。

在实际测量中无法达到对传感器的实时自校准时，可以采取补偿措施来消除测量中系统的参数变化引起的系统特性变化。例如，环境温度能够显著地影响传感器的工作特性，因此需要对智能传感器采取实时的温度补偿措施来改善性能。

智能传感器系统能够根据工作条件的变化，自动调整增益和选择改换量程，使测量系统处于最佳工作范围，以充分发挥系统的功能和性能优势。

一、非线性自校正

理想的传感器的输入-输出特性呈线性关系，传感器的线性度越高，则其精度越高。但实际上大多数传感器因其不同环节存在的非线性特性而都存在非线性误差。为提高传感器的测量准确度，必须对传感器系统进行线性化处理（非线性校正）。

智能传感器可以借助软件对基本传感器进行非线性自动校正，因此它对位于系统前端的传感器及其调理电路至A/D转换器的输入-输出特性的非线性程度并不十分在意，仅要求其具有重复性。

目前，实现非线性自校正的方法主要有查表法、曲线拟合法和神经网络法。

（一）查表法

查表法是一种按照准确度要求，对反非线性曲线进行分段的线性插值方法，使用中通常需要用若干条折线尽量逼近曲线，将插入点坐标存入数据表，在进行测量时，先确定各个被测量x_i对应的各个输出量的位置，再根据线性插值法插值求出输出值$y_i=x_i$。线性插值表达式为：

$$y_i=x_i=x_k+\frac{x_{k+1}-x_k}{u_{k+1}-u_k}(u_i-u_k)，k=1，2，3，n \qquad (6\text{-}1)$$

式中，k为折点的序数，折线条数为n-1。

线性插值法精度较低，为改善精度，可采用二次抛物线插值法。

（二）曲线拟合法

曲线拟合法常采用n次多项式逼近曲线，然后采用最小二乘法确定各个多项式的系数。现将其步骤归纳如下。

（1）对传感器及其调理电路进行静态实验标定，从而得到校准曲线假设标定点的数据输入为x_i，即x_1，x_2，x_3，…，x_N，输出为u_i，即u_1，u_2，u_3，…，u_N。其中，N为标定点个数，i=1，2，3，…，N。

（2）设反非线性曲线拟合多项式方程为

$$x_i（u_i）=a_0+a_1u_i+a_2u_i^2+a_3u_i^3+\cdots+a_nu_i^n$$

式中：n的值按准确度要求确定；a_0，a_1，a_2，…，a_n为待定常数。

（3）根据最小二乘法求待定系数a_0，a_1，a_2，…，a_n。

曲线拟合法的不足之处：在有噪声的情况下，采用最小二乘法求解多项式系数时可能会遇到方程无法求解的情况。

（三）神经网络法

神经网络法是一种基于学习和遗传，模仿人工神经网络，对非线性函数的未知系数进行求解的方法，由于其具备独特的优点，函数链神经网络方法常被用在传感器中。图6-1为函数结构图，图中1，u_i，u_i^2，…，u_i^n为神经网络链中整数的输入，u_i为静态标定试验获得的标定点输出值，W_j（j=0，1，2，…，n）为网络的连接权值（对应反非线性拟合多项式u_i^j项的系数a_j），z_i为函数链神经网络的输出估计值，其第k步输出估计为：

$$z_i（k）=\sum_{j=0}^{n}u_iW_j(k)$$

与标定点输入x_i比较的估计误差是：

$$e_i（k）=x_i-z_i（k）$$

神经网络算法调节网络连接权的调节式为

$$W_j（k+1）=W_j（k）+\eta e_i（k）u_i^j$$

式中，W_j（k）为第k步第j个连接权值，η为学习因子。神经网络算法就是通过不断学习，进而调整连接权值，直至估计值的均方差低于设定的误差上限值。此时结束学习过程，得到最终的连接权值W_0，W_1，W_2，…，W_n。此时的权值为多项式的待定系数，即$a_0=W_0$，$a_1=W_1$，$a_2=W_2$，…，$a_n=W_n$。

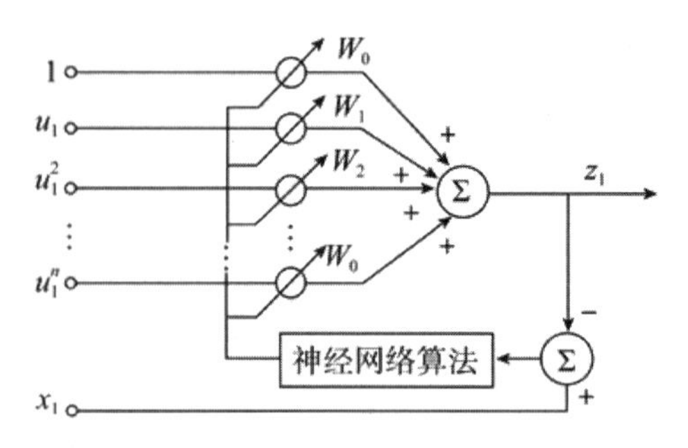

图6-1　函数链神经网络结构图

二、温度误差补偿

当测量精度要求较高时，在软件自补偿中采用监测技术，可以消除系统外部参数等干扰引起的误差。

温度是最主要的干扰。使用结构对称法，通常能够消除传统传感器温度引起的干扰：而初级智能传感器常采用硬件电路补偿法，效果仍达不到实际的测量要求。智能传感器系统可以先监测干扰量，再借助软件使系统误差得到补偿。

当下，压阻式压力传感器的应用比较广泛。另外，压阻式压力传感器是最早进行集成化和智能化的一种传感器，由半导体材料制成，并且容易受到温度变化的影响，下面以它为例介绍典型的自补偿方法。

为了消除某个干扰量的影响，通常选择放置对该干扰量敏感的传感元件进行监测。而放置测温元件监测传感器的工作温度是为了消除温度干扰量对压力传感器性能的影响。对压阻式压力传感器而言，可借助“一桥二测”技术，由其自身提供温度信号。

利用压阻效应原理，由4个压敏电阻组成的全桥差动电路如图6-2所示。如果选择恒流源供电方式，电源端A、C点之间的电位差U_{AC}表示温度输出信号，U_{BD}表示测压输出。当输出端B、D后接高阻放大器时，可当作开路，则A、C两端的等效电阻R_{AC}为：

$$R_{AC}=(R_1+R_2)\ //\ (R_3+R_4) \tag{6-2}$$

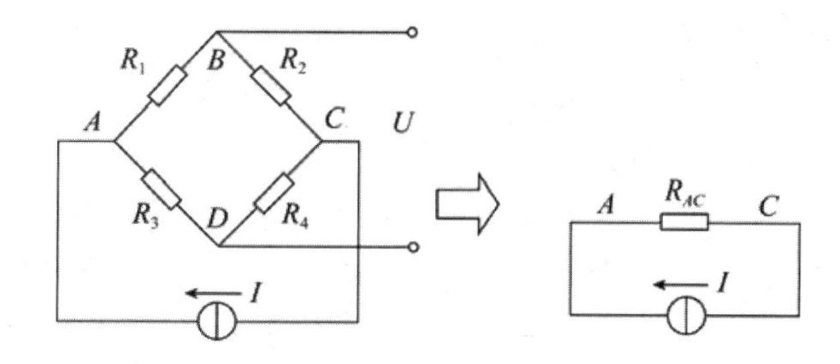

图6-2　基于压阻效应的压力传感器电路原理图

在理想条件下，四臂电阻的初值应该相同（均为R）。当被测压力P引起各臂电阻呈现差动变化时，由温度干扰量引起的各臂电阻的改变量是相同的，在压力P与温度T的作用下，各桥臂的阻值可以表示为：

$$R_1=R_3=R+\Delta R+\Delta R_T;\quad R_2=R_4=R-\Delta R+\Delta R_T$$

代入式（6-2）得等效电阻R_{AC}为：

$$R_{AC}=R+\Delta R_T$$

$$U_{AC}=IR_{AC}=I(R+\Delta R_T)=IR+I\Delta R_T \tag{6-3}$$

式中，I为恒流源的电流值；R为压力传感器桥臂电阻初值；ΔR_T为温度干扰导致的桥臂电阻改变量。

可见，U_{AC}随ΔR_T的改变而改变，是温度的函数。因此，只要标定特性，由监测电压U_{AC}和U_{AC}-T关系曲线就可以知道压力传感器的工作温度T。所以，由一个压力传感器能够获得2个有关同一空间位置的参量的信号，而且该温度信号可以真实地反映压力传感器所在之处的温度，这是因为二者是同一体。

现将可以在进行温度补偿的同时进行非线性校正的措施总结如下。

（一）多段折线逼近法

1．零位温漂的补偿

输入量为零时，传感器的输出值U_o随着温度进行漂移。如果传感器的类型、型号和生产厂家不同，那么其零位温漂特性（U_o-T）也会不同。所以，传感器的U_o-T特性的重复性可以补偿零位温漂。

与一般仪器消除零点的思想完全一致，其补偿的基本思想是传感器的工作温度如果为T，那么应在传感器输出值U中减去温度为T时的零位值U_o（T）。所以，事先测出U_o-T特性并保存于内存中十分关键。

大多数传感器的U_o-T特性呈严重非线性，如图6-3所示，故由温度T求解该温度的零位值U_o（T），实际上与非线性校正的线性化处理问题相同。

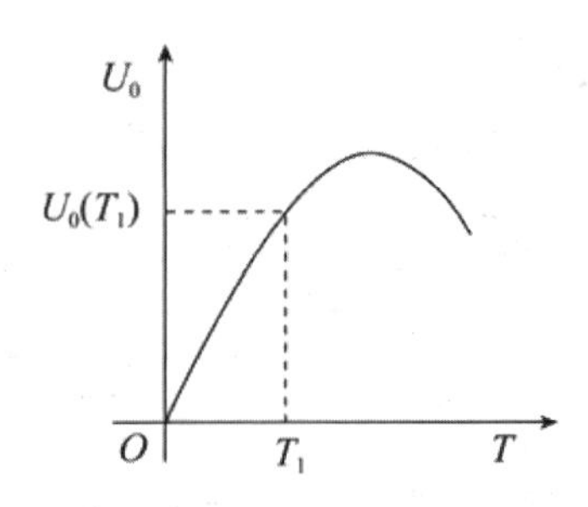

图6-3 大多数传感器的U_o-T特性呈严重非线性

2．灵敏度温度漂移的补偿

（1）补偿原理。对压阻式压力传感器而言，若输入压力保持不变（P为常量），则U（T）随温度的升高呈现下降趋势，如图6-4所示，温度$T>T_1$时，若传感器校准时的工作温度为T_1，而实际工作温度$T>T_1$，如果由T_1时的输入（P）-输出（U）特性来求取P，测量误差可能较大。当输入量为P，工作温度T升高（$T>T_1$）时，传感器的输出由U（T_1）降至U（T），工作点由B点降至A点，输出电压的减少量可记为：

$$故\Delta U=U(T_1)-U(T)或\Delta U=U(\mathrm{P},T_1)-U(\mathrm{P},T)$$

$$U(T_1)=U(T)+\mathrm{A}U或U(\mathrm{P},T_1)=U(\mathrm{P},T)+\Delta U \qquad (6\text{-}4)$$

由此可知，将工作温度为T时测得的传感器输出量记为U（T），给U（T）值加一个补偿电压之后，再按照U（T_1）-P反非线性特性变换刻度，以求取输入量压力值（记为P）。问题归纳如下：如何在不同的工作温度T下获得所需要的补偿电压ΔU。

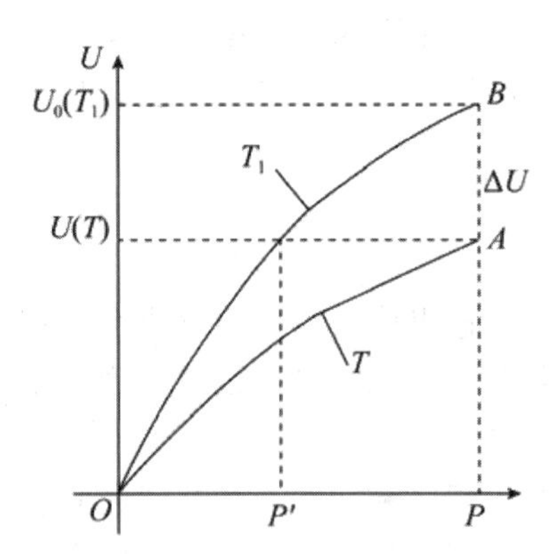

图6-4 压阻式压力传感器的灵敏度温度漂移

（2）分段得到补偿电压。根据实验标定的数据可知，如果温度T不变，那么输入（P）-输出（U）将出现非线性变化，当P不变时，其特性也呈现出非线性状态。因此，采用直线分段逼近曲线的方法，可以求得补偿电压ΔU。求出补偿电压$\Delta U=\Delta U$（T，T_1）后，按式（6-4）计算出U（P，T_1），则P值可由温度为T_1时的输入（P）-输出（U）特性的反非线性特性求出。

（二）曲线拟合法

1．补偿原理

在不同的工作温度下，传感器的输入（P）-输出（U）特性也不同。若工作温度为T时，能够确定P-U特性，并且从原理角度来看，按照其反非线性特性获得的P值能够消除温度导致的系统误差，但通过实验只能在小范围内的温度值下进行标定。因此，通过曲线拟合法可以计算出在较大温度范围内温度T下的P-U特性。

2．补偿原理与措施

（1）运用标定实验数据，将各温度下的输入（P）-输出（U）值用一维多项式方程表示为：

$$T_1：U(T_1)=U_1'-U_0(T_1)=\beta_{11}P+\beta_{21}P^2+\beta_{31}P^3+\beta_{41}P^4+\beta_{51}P^5+\cdots$$

$$T_2：U(T_2)=U_2'-U_0(T_2)=\beta_{12}P+\beta_{22}P^2+\beta_{32}P^3+\beta_{42}P^4+\beta_{52}P^5+\cdots$$

$$\vdots$$

$$T_i：U(T_i)=U_i'-U_0(T_i)=\beta_{1i}P+\beta_{2i}P^2+\beta_{3i}P^3+\beta_{4i}P^4+\beta_{5i}P^5+\cdots \qquad (6\text{-}5)$$

式中：$U_0(T_1)$，$U_0(T_2)$，…，$U_0(T_i)$分别表示传感器在各温度下的零位值；$U(T_1)$，$U(T_2)$，…，$U(T_i)$分别是对应各参考点温度修正后的传感器的输出值。

运用标定实验数据求解各温度下多项式的方程系数，则式（6-5）中各个方程式可解。

（2）建立系数β的曲线拟合方程。式（6-5）中各系数β_i随温度而变化的规律通常不是线性的，用一维多项式方程进行求解可知：

$$一次系数\beta_1=A_1T+B_1T^2+C_1T^3+D_1T^4$$

$$平方项系数\beta_2=A_2T+B_2T^2+C_2T^3+D_2T^4$$

$$立方项系数\beta_3=A_3T+B_3T^2+C_3T^3+D_3T^4$$

$$四次方项系数\beta_4=A_4T+B_4T^2+C_4T^3+D_4T^4$$

$$五次方项系数\beta_5=A_5T+B_5T^2+C_5T^3+ \qquad (6\text{-}6)$$

利用实验标定数据可求解出式（6-6）中的各系数：A_1，…，A_5；B_1，…，B_5；C_1，…，C_5；D_1，…，D_5，所以式（6-6）可解。

（3）确定温度T时P-U特性的曲线拟合方程。读入U_{AC}与$U(U, T)$。求出工作温度T的数值后将该值代入方程式（6-6）中，进而计算出该工作温度状态的各项系数β_1，β_2，…，β_5，可确定在温度T下，P-U特性的多项式如下：

$$U(T)=\beta_1P+\beta_2P^2+\beta_3P^3+\beta_4P^4+\beta_5P^5 \qquad (6\text{-}7)$$

根据式（6-7）的反非线性特点，可由读入的传感器输出$U(P, T)$解得被测输入量P。此P值是由其工作温度T状态的输入-输出特性求解的，故原理上不存在温度误差。

三、自校准和自适应增益及量程调整

（一）自校准

智能传感器的自校准是在软件程序的引导下实时进行的自动校零和自动校准。

假设经过试验某传感器系统标定得出的静态输出（y）-输入（x）特性为：

$$y=a_0+a_1x \tag{6-8}$$

式中：a_0表示当输入x=0时的输出值；a_1表示灵敏度，也可将其称为传感器系统的转换增益。

理想传感器中的a_0与a_1应恒定，但实际因各种因素影响，a_0与a_1都不可能恒定不变。例如，决定放大器增益的外接电阻的阻值会随着温度的变化而变化，进而引起放大器增益发生变化，传感器系统的总增益也随之发生改变，即系统总的灵敏度发生变化。

设a_1=S+Δa_1，其中S表示增益的恒定部分，Δa_1表示变化量；又设a_0=P+Δa_0，其中P表示零位值的恒定部分，Δa_0表示变化量，则有：

$$y=(P+\Delta a_0)+(S+\Delta a_1)x \tag{6-9}$$

式中，Δa_0为零位漂移，会带来系统的零位误差；Δa_1为灵敏度漂移，会带来系统的测量误差。

传统的传感器追求的是精心设计和制作，所以通常在选择材料及元器件时会制订相当严格的高质量标准，这样就可以将Δa_1及Δa_0，也就是灵敏度漂移及零漂控制在某一限度内，而这样做的代价就是要付出高额的成本。

在智能传感器系统中，系统可以自动校准零位漂移与灵敏度变化产生的实时误差。一般情况下，实施自校准功能都会采用两种方法（具体如下所述）。这2种方法都基于实时标定的思想实现自校准，只是范围与完善程度有一定的差异，采用的标准量也有所不同。

1．自校准功能实现的具体方法之一

如图6-5所示，该实时自校准没有加入传感器。标准发生器产生标准值U_R和零点标准值，在属性上与传感器输出参量U_x为相同类型。为了达到在自动校准时接通有区别的输入信号的目的，微处理器在每一个周期内发出命令，控制多路转换器都会在这个周期内执行3步测量法。

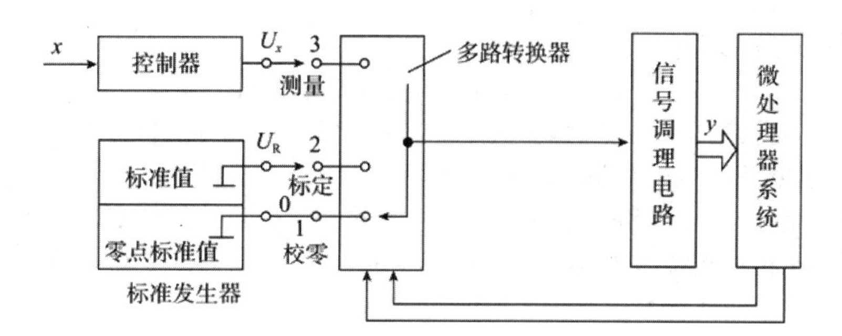

图6-5　智能传感器系统实现自校准功能原理框图（不含传感器自校）

第一，校零。输入信号为零点标准值，输出值为$y_0=a_0$。

第二，标定。输入信号为标准值U_R，输出值为y_R。

第三，测量。输入信号为传感器的输出U_x，输出值为y_x。

因此被校环节的增益a_1可以进行求解，即：

$$a_1=S+\Delta a_1=(y_R+y_0)/U_R$$

被测信号U_x则为

$$U_x=(y_x-y_0)/a_1=(y_x-y_0)U_R/(y_R-y_0)$$

可见，这种方法是实时测量零点，实时标定灵敏度/增益a_1。

2．实现自校准功能的方法之二

图6-6中的自校准功能方案可以对包括传感器在内的整个传感器系统进行实时自校，标准发生器产生的标准值x_R、零点标准值x_0与传感器输入的被测参数x的属性相同。

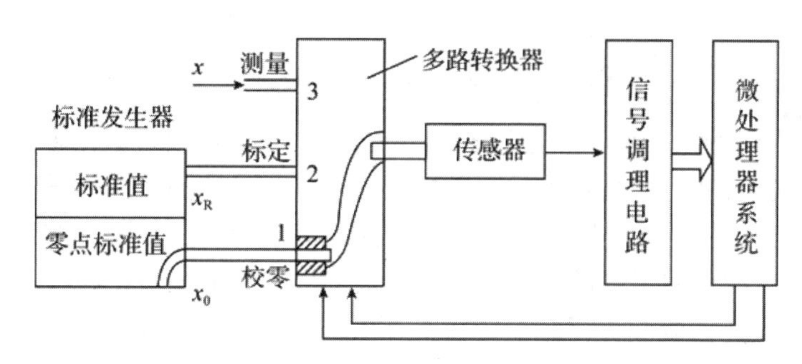

图6-6　智能传感器系统实现自校准功能原理框图

例如，测量中的参考压力值$P=x$，则在标准压力发生器产生的压力$P_R=x_R$。若传感器测量的是相对大气压P_B的压差（表压），零点的标准值就是大气压力值，此时x_0就等于P_B的绝对值。多路转换器是一种扫描阀，主要功能是作为非电型的可传输流体介质的气动多路开关。因此，微处理器在每个特定时间内发出命令时，控制多路转换器进行实时校零、标定和测量3个步骤，所以全传感器系统的增益/灵敏度a_1为：

$$a_1=S+\Delta a=(y_R-y_0)/x_R$$

被测目标参量x为：

$$x=(y_x-y_0)/a_1=(y_x-y_0)x_R/(y_R-y_0)$$

式中：y_x是被测目标参量x为输入量时的输出值；y_R为标准值x为输入量时的输出值；y_0为零点标准值为输入量时的输出值。

标准发生器产生的标准值的精度决定了整个传感器系统的精度。所以，对其稳定性要求仅在校准系统的测量时间段内，此前和此后的误差因素都不会导致系统误差，以达到采用低精度测量系统获得高精度测量结果的目的。

（二）自适应增益控制和量程自动调整

1．自动增益控制

由于在数据采集系统中各测量点的参数变化范围不同，传感器输出信号的幅值可能相差很大。为减少硬件设备，可用一个可编程增益放大器（PGA），在微处理器的控制下，根据所连接的传感器输出幅值高低来改变PGA的增益，使每一路信号都能放大到合适幅度，从而提高测量精度。

目前，一些厂家已经推出了单片集成的PGA，如美国AD公司的LH0084，就是在测量放大器的基础上发展的，增加了少量的控制程序，这样就能很容易地实现量程的自动调整，图6-7就是其原理。

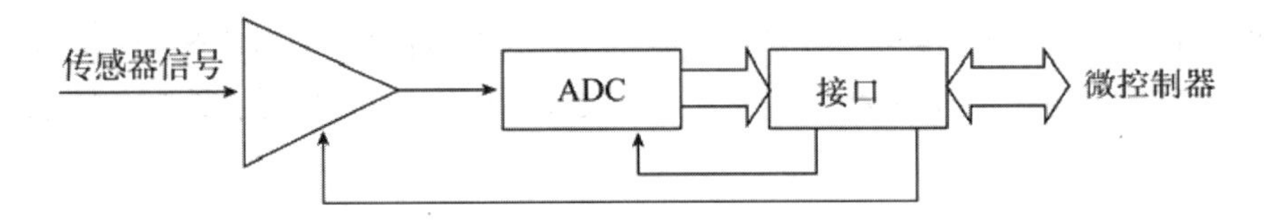

图6-7　利用PGA实现量程自动调整

如图6-7所示，ADC可采用双积分式转换器，具有溢出或过量标志信号。PGA的增益可有1、10、100三挡变化，通过微处理器接口实现控制。传感器信号输入前，由初始化程序设定PGA的增益为1，经采样与A/D转换后，判断转换结果是否溢出。若溢出，且PGA的增益已经降到最低，说明被测传感器的信号已超过系统的最高测量范围，这时微处理器进行超量程处理及显示。若没溢出，则再次判断最高位（其BCD码只可能是0或1）是否为0，如果此时PGA增益不是最高一档，要将PGA增益升高一档，否则，说明增益已切换到合适的一档，微处理器可进一步对信号做预处理，如数字滤波、标度变换及其他运算、存储和显示等。利用此方案，最大被测电压与最小感量之比可达2×10^5。如果要再扩大测量的动态范围，可增加PGA增益的挡位或改用分辨率更高的ADC。

2．量程自动调整

智能传感器的量程自动调整需要对系统自身的数据容量与被测量范围、系统精度与信噪比、系统的灵敏度与要求的分辨率等诸多因素进行综合考虑，从而折中选择确定增益挡数和换挡准则。如果增益过低，就会浪费数据容量，并且信噪比很低。增益过大，信息会因数据容量不够而损失掉，会产生误差。因此，增益的设置必须由实际问题而定，没有一个通用的规则。图6-8是一个改变采样电阻大小来调整量程的例子。被测电阻和参考电阻流过相同的恒定电流，当被测电阻与参考电阻R_{N1}上的电压差过小，使差动放大后的电压所转换出的频率太低时，由微处理器控制切换开关S转接到R_{N2}上，以获得较大的被测电阻与参考电阻上的电压差，从而提高输出频率，以有利于提高测频精度。

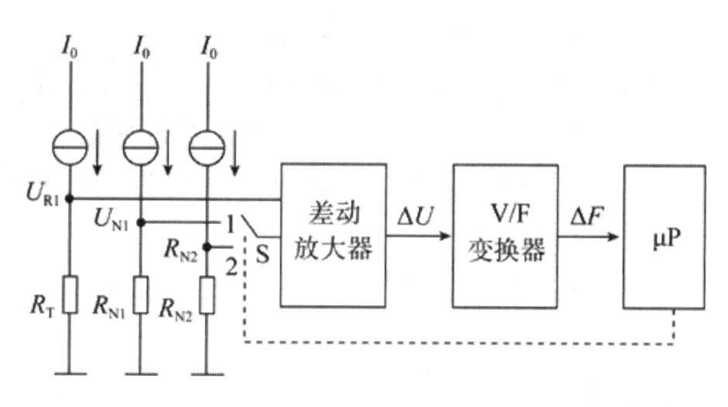

图6-8　自适应量程电路

第四节　网络化智能传感器及接口标准

一、网络化智能传感器

网络传感器综合了现代网络通信技术、嵌入式计算技术、传感器技术和分布式信息处理技术等，借助多种集成化的微型传感器进行协作，可以完成监测和采集各种环境或者监测对象的信息，通过嵌入式计算技术对信息进行处理，并由通信网络将所采集到的信息传送到用户终端。

（一）网络化传感器简介

计算机网络技术是将计算机技术与通信技术进行结合，智能化传感器技术是将计算机技术与现代传感器技术进行结合，网络化传感器技术是将计算机技术、通信技术与现代传感器技术进行结合。

传统的传感器是模拟仪器仪表时代的产物，它主要将被测信息转换成模拟信号，只具有信号采集的功能，不具有计算能力，且各传感器之间无法进行通信，因而被称为“聋哑传感器”。智能化传感器集成了传感器与微型计算机芯片，从而使传感器兼具信号检测、处理和编程的功能。网络化传感器是将网络接口芯片与智能化传感器集成起来，并且将通信协议固化到智能化传感器的ROM中，它不仅有智能传感器的优势，还能与计算机网络连接，使对信息的各项操作更加协调。

网络化传感器的核心是嵌入式微处理器，由于其将传感单元、信号处理单元和网络接口单元集成起来，所以可将其看作新一代传感器。与传统的传感器相比，网络化传感器的优点通常包含以下5点。

（1）网络化传感器使传感器由单一功能和单一检测向多功能、多点检测方向发展，使信息的处理方式由被动变为主动，将就地检测变为远距离实时在线检测。

（2）引入嵌入式技术和集成电路技术，可以使传感器降低功耗，减小体积，提高抗干扰性和可靠性，更能满足工程应用方面的需要。

（3）网络化传感器使传感器可就近接入网络，传感器可通过总线串在一起，从而减少现场线缆，方便布线，节省投资，易于子系统维护和系统扩展。

（4）网络化传感器可实现资源共享，各传感器采集的数据可供多用户使用，从而降低测量系统的成本。

（5）网络化传感器的输出为数字信号，其传输过程无精度损失，可保证系统精度。

（二）网络化传感器的结构

网络化传感器采用的是标准的网络协议，同时通过模块化结构将智能化传感器与网络技术相结合。敏感元件输出的模拟信号经信号调理和A/D转换后，由微处理器将其封装成数据帧（其依据是程序的设定和网络协议），另外补充目的地址，然后借助网络接口输入网络；反之，微处理器还能接收网络上其他节点传送的数据和命令，从而实现对本节点的操作。

（三）网络化传感器的类别

1. 按照传输介质的不同进行分类

按照传输介质的不同可将网络化传感器分为有线网络传感器和无线网络传感器。有线网络传感器采用固体介质来进行信息传输，如铜线或光纤等；无线网络传感器在自由空间中进行信息传输，其传输信道可以是光通信、红外通信或者无线电通信，其中应用较多的是基于无线电通信的射频模块或蓝牙模块。

网络化测控的基本系统结构中，测量服务器主要给各基本功能单元分配任务，并对基本功能单元采集的数据进行计算、处理、综合、存储和打印等；测量浏览器的主要功能是作为Web浏览器或其他软件的接口，不仅可以用于浏览现场海量节点测量、分析和处理的信息，还可以测量服务器收集和产生的信息。在系统中，传感器不仅可以与测量服务器交换信息，还可以和执行器交换信息，从而减少网络中的信息量，使系统的实时性得以提高。

2. 按照网络接口的不同进行分类

网络化传感器只有符合某种网络协议，才能使现场监测的相关数据信息直接进入网络。目前，工业现场的网络标准非常多，所以多种网络化传感器随之诞生，而且它们的网络接口单元类型也有所不同。其中以下2类网络化传感器比较常用。

（1）基于现场总线的网络化传感器。现场总线是指将智能现场设备和自动化系统的数字式、双向传输及多分支结构进行连接的通信网，其不仅支持全数字通信，还具备较高的可靠性。它可以借助一根线缆将所有的智能现场设备（包括仪表、传感器和执行器）与控制器连接起来，从而形成现场设备级的数字化通信网络，对现场数据信息进行监测、控制及远距离传输。

在国际上，现场总线技术已经成为热点，规模比较大的公司都开发出了自己的现场总线产品，并形成了各自的标准。当前，较常见的标准多达数十种，它们各有差异和特色。

基于不同的现场总线标准可开发不同的网络传感器，以满足不同领域的应用需求。

（2）基于以太网的网络化传感器。由于以太网具有通信速度快、技术开放性好、价格低廉等优点，人们已经开始研究基于以太网，即基于TCP/IP的网络化传感器。在传感器中嵌入TCP/IP，不仅使传感器具有内互联网功能，还可以作为因特网上的节点。这种网络传感器不仅可以是直线的，连接到互联网或内联网，也可以即插即用。由于所使用的网络协议是相对统一的，来自不同制造商的网络传感器可以直接互换和兼容。

二、智能传感器接口标准——IEEE 1451

自模拟仪表控制系统、集中式数字控制系统和分布式控制系统大量使用以来，基于现场总线标准的分布式测量和控制系统（DMCS）的应用越来越广泛。

DMCS中控制总线网络的内部结构、通信方式和通信协议是多种多样的，其中影响较大的控制总线有PROFIBUS、Foundation Fieldbus（FF）、HART、CAN、Dupline等，每种控制总线的标准都有自己的协议格式，它们彼此不兼容。不同的现场总线在各自的领域都是成功的，不能在短时间内统一。因此，所使用的网络传感器必须符合特定的现场总线要求，这不利于系统的进一步扩展和维护等。

目前，市场上存在的控制总线网络及通信协议非常多，所以要求传感器生产商开发出能支持所有控制总线网络的传感器并不现实，而且对多数客户来讲，目前的网络化传感器只适用于特定的现场总线中。选择传感器时，经常面临如下窘境：选择的网络化传感器不能在多个现场总线上使用，更换现场总线又要付出很高的代价。

智能传感器发展迅速，不同类型的智能传感器相继推出，如果对不同的智能传感器接口与组网协议进行统一，使现有测量仪表、现场总线可以即插即用，不仅可以使布线成本降低，还可以为将来的系统升级维护和扩展奠定基础，这对传感器开发者和用户十分有益。因此，美国国家标准技术研究所与传感技术委员会为了促进IEEE 1451传感器的发展，一起制定了IEEE 1451传感器以及有关执行器的智能变送器接口的系列标准。

（一）IEEE 1451简介

制订IEEE 1451是为了开发软/硬件的连接方案，从而使变送器同微处理器、仪器系统或网络相连接，使用更加方便，使不同厂家的传感器可用于不同种的网络，还允许用户根据实际情况选择传感器和（有线或无线）网络，可以即插即用，使非标准件产品可以达到互联互通。IEEE 1451的特点是，传感器软件应用层有可移植性，应用的网络相互独立，在实际使用中传感器可互换。

IEEE 1451系列标准把数据获取、分布式传感与控制提升到更高层次，同时为构建开放式系统打下了基础。它通过一系列技术手段把传感器节点设计与网络实现分隔开来，其中包括传感器自识别、自配置以及增加系统与数据的可靠性等。为了尽可能地使智能功能接近控制点，同时使传感器的功能更切合实际测量量，TEEE 1451将功能分为网络适配处理器模块（NCAP）和变送器接口模块（TIM）。

IEEE 1451系列标准可分为2类：软件接口和硬件接口。其主要功能是对通用功能、通信协议及电子数据表的格式进行定义，加强该系列标准之间的兼容性。软件接口由IEEE 1451.0子标准和IEEE 1451.1子标准组成，主要面向对象模型描述传感器的各种特性参数，进而定义智能传感器接入不同网络时的软件接口的规范DIEEE1451.X（X为2～7）组成主智能传感器的具体应用对象硬件的接口部分。

IEEE 1451系列标准体系和特征如表6-1所示。目前，IEEE 1451传感器接口有：点对点接口UART/RS-232/RS-422/RS-485（IEEE 1451.2子标准）、多点分布式接口（IEEE 1451.3子标准，家庭电话线联盟通信协议）、数字和模拟信号混合模式接口（IEEE 1451.4子标准，1-wire通信协议）、蓝牙/802.11/802.15.4无线接口（IEEE 1451.5子标准），CAN总线使用的接口（IEEE 1451.6子标准，用于本质安全系统CANopen协议）、RFID接口（IEEE 1451.7子标准，RFID系统通信协议）。

表6-1　IEEE1451系列标准体系和特征

标准	名称与描述	状态	TIM到NCAP通信	NCAP与外网通信	使用IEEE 1451.0通用TEDS和命令	主要特点
IEEE 1451.0：2007	智能传感器接口标准	颁布	所有	是，NCAP	是	定义了1451所有成员接口的通用特征
IEEE 1451.1：1999	网络适配器信息模型	颁布			否	网络与NCAP、NCAP与NCAP、NCAP与TIM之间的通信：面向对象软件模型
IEEE 1451.2：1997	传感器与微处理器通信协议和TEDS格式	颁布	增强SPI接口和协议	是，NCAP	否	点对点，NCAP与TIM通信采用增强的SPI

续表

标准	名称与描述	状态	TIM到NCAP通信	NCAP与外网通信	使用IEEE 1451.0通用TEDS和命令	主要特点
IEEE 1451.2：2009	传感器与微处理器通信协议和TEDS格式	修订	UART/RS-232，RS-422/RS-485	是，NCAP	是	点对点，NCAP与TIM通信采用通用串行通信标准
IEEE 1451.3：2003	分布式多点系统数字通信与TEDS格式	颁布	HPNA	是，NCAP	否	多点分布式，小的内部总线
IEEE 1451.4：2004	混合模式通信协议和TEDS格式	颁布	MAXIM/Dailas单线通信协议	否	否	低成本小容量TEDS，利用现有模拟传感器
IEEE 1451.5：2007	无线通信协议和TEDS格式	颁布	蓝牙，802.11和802.15.4	是，NCAP	是	TIM与NCAP采用无线通信协议
IEEE 1451.6：2004	CANopen协议和传感器网络接口	修订	CANopen协议	是，NCAP	是	TIM与NCAP用CANopen通信协议，应用于本质与非本质安全系统
IEEE 1451.7：2010	RFID系统通信协议和TEDS格式	颁布	RFID系统通信协议	是，NCAP	是	处理RFID基础结构中的传感器的整合问题

1．IEEE 1451.0标准。定义了一个独立于NCAP到传感器模块接口的物理层，这不仅简化了不同物理层未来标准的制订程序，还可以为不同的物理接口提供通用和简单的标准。

2．IEEE 1451.1标准。定义了网络独立的信息模型，这样可以连接变送器接口与NCAP，它使用面向对象的模型定义提供给智能传感器及其组件。提供了一个简单的应用框架，不仅简化了智能传感器或执行器与多个网络的连接，而且实现了互换性应用，体现了传感器应用程序的可移植性（通常是软件的重复应用）、即插即用功能和网络的独立性。

3．IEEE 1415.2标准。定义了可将智能传感器直接连接到NCAP的标准数字接口和通信协议。它通过定义一个传感器电子数据表TEDS，使传感器模块能即插即用，同时定义了一个连接NCAP与TIM的数字接口，借助NCAP将传感器或执行器与网络相连接。

4．IEEE 1451.3标准。使用分布式多点系统数字通信和传感器电子表格格式，定义了规范的物理接口（该接口使用多个点连接多个物理分散的传感器）、TEDS数据格式、电子接口、信道区分协议、时序同步协议等，并且物理TEDS不需要放置在传感器中。此标准定义使用“迷你总线”方式实现变送器总线接口模型（TBIM）。这类迷你总线形态小巧，而且价格很便宜，能够很容易地放在传感器里，可以通过一个简易的控制逻辑接口去转变更多的数据。

5. IEEE 1451.4标准。是一项实用的通信协议与变送器电子数据表格相混合模式的技术标准。其在传统的模拟传感器的衔接方式的基础上，重新制定了一个混合模拟传感器通信协议。因此，其最大的优势在于混合模拟接口可以实现模拟接口对现场仪器的测试，并能对数据进行TEDS的读/写。操作简便、价格便宜，使传统型模拟传感器也能随时放进去模拟使用。

6. IEEE 1451.5标准。即无线通信协议与传感器电子数据表格式。这个标准定义了无线传感器通信协议和相应TEDS，目的是在IEEE 1451结构下，建立一个规范的开放式的无线传感器接口，使其在工业甚至更多的领域得到广泛应用。无线通信方式可以使用4种标准：IEEE 802.11、Bluetooth、ZigBee和6LoWPAN。使用者在选定无线通信技术时，需要考虑多种制约条件，如消耗的电量、传输的远近、数据传输速率等。

7. IEEEP 1451.6标准。它是基于CANopen协议的本质安全和非本质安全应用的高速传感器网络接口。它定义了一个稳定的CAN物理层，保证了电子表格和CANopen对象字典、通信消息、数据处理、参数配置和诊断信息的一一对应，将IEEE 1451标准和CANopen协议结合起来，在CAN总线上使用IEEE 1451标准传感器。

8. IEEE 1451.7标准。定义了射频标签（RFID）的传感器和系统的接口，制定了RFID通信协议和TEDS格式，解决了RFID基本结构中的传感器聚合问题。在无线通信空中接口应用中，IEEE 1451.7标准支持ISOIEC 18000系列RFID标准。IEEE 1451.7还非常重视传感器的形式化认证和数据的加密，以确保传感器传输安全。

IEEE 1451.X标准可一起使用或独立使用。IEEE 1451.1能独立于其他IEEE 1451.X硬件接口而单独使用，而IEEE 1451.X也可不需IEEE 1451.1而单独使用，但必须有一个类似IEEE 1451.1功能的软件结构模块，它能提供物理参数数据、应用功能函数和通信功能来把IEEE 1451.X设备与网络连接，最终发挥IEEE 1451.1的作用，如“虚拟NCAP”。

（二）IEEE 1451标准的关键技术特征

1. TIM模块

主要向NCAP发送数据和状态信息，TIM通过IEEE 1451.2定义的10线数据接口TII连接NCAP。一个TIM可以支持单个或多个信道，并且可以连接到255个传感器信道。

从NCAP方面来考虑，TIM可以作为一个具有保存功能的配置，功能地址可以使其得到数据和实现功能，所有功能地址都包含被访问通道和要实现的功能。IEEE 1451没有定义信号的调整和数据的转变，都是通过各传感器制造商自己研发完成的。

2．NCAP模块

NCAP是介于TIM和数字网络之间的微处理器模块，功能是从TIM模块获得数据，然后把数据发送到有区别的现场总线网络，最终完成对TIM模块功能的精准智能化控制。所以，在NCAP中要嵌入网络通信协议，从而实现IEEE 1451协议，同时要具备一定的人工智能，使其不仅能够改正来源于TIM的传感器的初始数据，还能对特定应用进行数据处理和控制。

NCAP包括与TIM的通信和与外部网络的通信，其软件可实现通信、接口的操控、数据信息的更正、消息的编码和解码等功能。通常情况下，NCAP能实现变送器携带方便（软件可复用）、随时插随时就能使用、网络无关性。NCAP应用功能与所连的网络和变送器接口无关。

3．数字接口

如图6-9所示，NCAP和TIM通过10位数据接口TII连接。TII是基于SPI接口协议的点对点、带同步时钟的短距离接口。表6-2列出了引脚的分配、逻辑信号的定义和功能。NCAP与TIM之间的基本通信协议：当写入命令时，NCAP不断向DCLK发送脉冲，并将数据读到DIN线；当读取时，NCAP不断向DCLK发送脉冲，并在DOUT端口查找数据。NIOE片选信号，用于告知TIM数据传输功能已被激活，NACK可以用来确认数据位和触发信号。

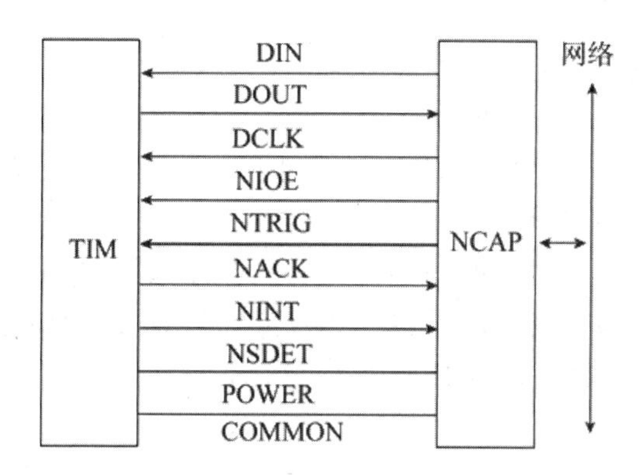

图6-9　TII接口示意图

TII接口定义更加复杂，增加了实际困难和开发成本，需要简化，如用RS-232接口代替TII接口。NCAP和TIM之间的基本通信只需要DCLK、DOUT、DIN和NIOE4根线。

表6-2　TII接口引脚信号定义

引脚号	信号名称	驱动者	功能
1	DCLK	NCAP	上升沿锁存数据
2	DIN	NCAP	寻址，NCAP向TIM传输数据

续表

引脚号	信号名称	驱动者	功能
3	DOUT	TIM	TIM向NCAP传输数据
4	NACK	TIM	触发应答和数据传输应答
5	COMMON	NCAP	公共端信号或地
6	NIOE	NCAP	启动地址或数据传输
7	NINT	TIM	TIM向NCAP请求服务信号
8	NTRIG	NCAP	实现TIM通道的硬件触发
9	POWER	NCAP	提供+5V电压
10	NSDET	TIM	NCAP检测TIM存在与否

该接口有硬件触发信号，允许NCAP发起传感器测量或执行器动作，允许TIM报告要求的动作执行情况。NCAP可触发一个独立通道或一次触发所有通道，此时TEDS字段指定TIM通道间的时序偏差，确定每次测量或动作相对单次触发应答信号应在何时执行。标准提议以最慢的通道为参考，所有偏差都相对该通道。硬件数据时钟由NCAP驱动。TEDS中有字段指定TIM支持的最大数据传送率，为NCAP和TIM匹配提供了一种灵活机制。

4．电子数据表格（TEDS）

TEDS是TIM中的一个特殊的电子格式的内部存储区，用来形容TIM和与它相衔接的传感器或执行器，支持大范围的传感器或执行器的运行，而且能够自动识别对应的传感器或执行器的功能特点。TEDS详细并全面地介绍了其所对应的传感器和执行器的基本属性和特点，包含的信息有厂商、测量范围、物理单位、传输功能、输出范围、校准信息及用户数据等。如果连接上新的变送器，TIM会采用TEDS中保存的信息对其实施自主辨别，不需要研发新的驱动程序，最终实现随时插随时用的功能。

TEDS通常保存在变送器内部的电子储存器中，如EEPROM。如果遇到运行环境不允许或不方便使用EEPROM器件的情况，可以使用虚拟TEDS，TEDS文件保存在远程计算机或网络上。变送器在运行时，NCAP把TEDS保存在NCAP中，目的是实现远程网络和使用者登录。终端用户可以获取TEDS信息来检测变送器的功能、位置、性能和其他文本格式信息。

5．物理单元表示

IEEE 1451.2用1个10bit二进制码编码物理单位，使用由SI规定的7个基本物理量来表示所有被测的物理量。7个基本物理量是长度（m）、质量（kg）、时间（s）、电流（A）、温度（K）、物质的量（mol）和光强（cd）。其他物理量是由它们推导出的，7个基本物理量在传感器数学模型中都有自己的精确表达式和处理方法。另有2个从基本国际单位中得到的导出单位：弧度（radians）与球面度（stemdians）。实际还有一些量纲为1的量（称无量纲），如应变，用国际单位表示为m/m，这同样需要通过国际标准单位来描述。包括上述的7个基本单位，在网络传感器的TEDS中，所有物理量单位用10个字节（10B）表示，每个单位的顺序如表6-3所示。

表6-3中的单位指数是使用上面10个单位表达被表示物理量单位时的对应指数。除第一个外，其他单位在TEDS域表示为128+2x（单位指数）。例如，欧姆可用标准单位表示为$m^2/(kg^3 \cdot A^2)$，其对应TEDS域表示为0、128、128、128、132、122、128、124、128、128。

表6-3　传感器物理量单位表示方法

物理量单位	cd	enmu	rad	sr	m	kg	s	A	K	mol
单位指数		1	1	1	1	1	1	1	1	1
TEDS域	0～4	128	128	128	128	128	128	128	128	128

6．校准数学模型

传感器本身存在一些问题，如其精度可能受到性能参数的非线性、温度、电源漂移、交叉敏感参量等影响，仅靠电路设计材料和制造工艺改进难以完全解决这些问题，但可以通过软件手段校正传感器的模型处理过程。IEEE 1451协议通过这种方式，在TEDS中定义校正TEDS并存储在TIM中，允许传感器制造商对各通道的多变量校准进行描述。

NCAP获取校正TEDS，通过校正引擎来完成传感器的校正。修正引擎从TEDS中读入校准参数（含各通道校准模型、被测物理量单位、校准系数等）和传感器的实际输出，并将其转换为实际的输入物理量值。修正引擎功能强大，它在为大范围内的传感器提供标准方式描述校准常数和修正系数方面，具有很大潜力。

第七章　传感器在物联网中的应用

第一节　物联网典型应用中的传感器及其应用概况

一、智能家居中的传感器

（一）智能家居的功能

智能家居系统又叫作智能住宅或电子家庭、数字家园等，它采用计算机技术、控制技术以及通信技术，把与家庭生活中相关的各个子系统用网络衔接起来，最终实现了整个系统的自动化，方便对家居设施进行有效管控，使家居生活更加便捷。

相对于寻常家居，智能家居涵盖了传统家居的所有功效，它不仅为用户营造安逸、温馨的家居生活环境，还将家居设施从静态的变成动态的、智能的，实现了信息的全面交换和传递，让家庭和外界能够实时进行沟通交流，使人们能够合理、有效地安排时间，保证了住户安全，还能起到节约资源的作用，使人们的家居生活更有品质。

传统的智能家居通常通过有线方式对建筑设施进行控制和通信，要克服各种电缆的约束，以及安装成本高、系统的可扩展性差的问题。无线传感器网络技术智能家居系统不仅摆脱了电缆的限制，降低了安装成本，还增强了系统的可扩展性。

智能家居应具有的系统智能控制功能主要有以下8项：

1．防盗报警功能

将智能家居控制器接入各种探头、门磁开关，然后依据家庭的不同要求布置，可探知并警告闯入的不法分子，保护人们的生命和财产安全。安防是智能家居的首要功能，处于监控状态的探测器发现家中有人时，能运用蜂鸣器和语音进行本地报警，然后迅速把报警信息传到保安中心，并通过电话自动报告主人。

2．防灾报警功能

运用烟雾、瓦斯和水浸等探测器对房屋进行24小时的监视，如水灾和火灾等，当有意外发生时，发出报警信息，并且在报警的同时关气阀、水阀等，使房屋更加安全。

3．求助报警功能

使用智能家居控制器连接各种求助设备。在家中发生事故时，老人和儿童可立即打开求助设备，以实现现场报警和远程报警，快速、及时地得到各种帮助。

4．远程控制功能

通过电话或网络远程控制家用电器、对安全系统布/撤防等；通过家庭监控网络监控家庭安全，家庭成员通过网络查看家庭场景，和家里的人交谈。

5．定时控制功能

利用无线遥控器或控制面板提前设置家用电器的定时启动和停止时间，如定期执行热水器的开启，以达到节能的目的。

6．短消息收发功能

利用控制面板接收网络短消息，通过手机接收智能家居控制器发出的信息，然后对它发送各种操控命令。

7．联动控制功能

采用自动或面板操作启动，可实现对智能家居控制的联动。比如，当出现盗警时，可以启动屋内所有灯光；检测到燃气泄漏时，能自动开启排风扇，然后关掉燃气管道总闸。

8．服务功能

将智能家居与小区智能系统的网路连接到一起，能够轻而易举地实现4表（水表、电表、气表、热表）的数据远距离传输、一卡通等智能化的服务。

智能家居必须通过相应的传感器网络才能实现以上8种功能，传感器网络的作用主要有2方面。

第一，家庭自动化：传统家用电器（如吸尘器、微波炉、冰箱等）中嵌入智能传感器和执行器而成为智能家电，成为传感器网络节点。这些节点之间可互相通信，并通过互联网与外部互连，使用户可方便地对家用电器进行远程监控。

第二，实现智能环境：使居住环境能够感知并满足用户需求。此处存在以人为中心和以技术为中心的两种观点，前者强调智能环境在输入/输出能力上必须满足用户需求，后者主张通过开发新的硬件系统和网络解决方案以及中间件服务等方法来满足用户要求。

（二）家用计量传感器

信息技术的发展使家居设施和工业自动化的技术水平越来越高，自动抄收室内家用计量仪表、工业自动化控制仪表中的数据已成为人们需要的操作方式。例如，采用ZigBee网络等无线通信技术，将住宅内各节点采集的数据汇集到网关，再将数据送远程服务器，同时，远程服务器可访问和控制任何一个在ZigBee网络中的设备。

1．智能水表

智能水表用于自来水、供热水的流量测量和数据传输。冷水基表应符合国家标准GB/T 778-1996，热水基表应符合行业标准JB/T 8802-1998。通常智能水表适合采用涡轮流量传感器实现其功能，其信号传输方式为双线计数脉冲，具有开路和短路信息。智能水表包括水表脉冲信号采集、MCU、无线收发、按钮显示等部分。

智能水表应具备的功能包括：

（1）脉冲信号采集。数字远传表将水流量转换成脉冲信号，通过信号采集处理来计量。

（2）无线接口。智能水表需要无线接口来集中抄写用户水表的计量信息。

（3）监控器。用户的水表信息由抄表器传送到监控系统。无线水表抄表系统包括一个监控器和几个终端水表，可采用ZigBee网络通信。系统主板包括一个ZigBee无线通信模块和一个水表信息脉冲信号采集器，无线通信采用商用集成解决方案。

2．智能电表

家用智能电表由两部分构成：电能计量部分和无线收发部分。智能电表电能数据采集模块的核心是高精度单相电能计量传感器芯片（如ADI公司的AD7751、深圳国微电子的SM9903等），这类芯片大多集成了数字积分器、参考电压源和温度传感器，它提供与电能成比例的频率或脉冲输出，并具有校准电路，可测量单相有功、无功功率。

智能电表具有实时采集和存储电表信息、无线收发、防窃电和控制电表通断等功能。系统以微控制器为核心，主要由电表信息存储器、无线收发器、红外传感器、电源和供电开关等构成。微控制器控制整个电表的监控与接口装置运行；无线收发器与微控制器双向通信，并建立无线自主多跳网络，收发与微控制器通信的信息；电表信息存储器储存电表用户信息、用电或预付费信息、红外传感信息等；供电开关串接在用户电表电源进线前端，微控制器通过控制供电开关通断来控制对用户的供电；红外传感器监测用户电表及其无线监控接口装置的运行状况，并将监测信息返回微控制器，以防窃电。

3．智能热量表

根据国家标准对智能网络热量表的定义，目前的智能网络热量表是一种组合式智能网络热量表，它是“由流量传感器、微处理器和配对温度传感器组合成的网络热量表”。

智能热量表的工作原理是，当传热介质流经热交换系统时，主控制芯片接收来自流量传感器和配对温度传感器的信号，进行热量累积计算、存储和显示。

4．智能气表

智能气表适用于人工燃气、天然气、液化气、液化石油气的流量计量及数据远传，其中家用智能气表可采用热流速气体流量传感器等。

热膜气体流量传感器是基于热传输原理和MEMS技术制成的微传感器，内含气流流速敏感结构，它包括2组制造在悬空的氮化硅结构上的加热和测量电阻。悬空的氮化硅结构将电阻与衬底绝热隔离，加热电阻产生的温度场在流量作用下改变，通过测电阻得到温度场的分布，利用流速与温度场分布的关系测量流速和流量。无气体通过传感器芯片的时候，传感器的周围会保持稳定的温度场（温度分布）；有气体流过时，温度场因流体介质带走热量导致局部温度重新分布。局部温度场的变化取决于流体介质的质量与流速。

（三）家用环境安全传感器

智能家居安防系统采用嵌入式技术、无线传输技术和传感器技术等，通过无线网络化传感器对室内的温度、湿度、光照和空气成分进行监测，获得实时数据。在此基础上，自动调控门窗、空调及其他家电设备，实现家居环境参数调节的自动化。

按照家居环境和安防系统需求分析，可将智能家居系统安防所需传感器分为温湿度传感器、烟雾报警传感器、燃气泄漏传感器和家庭防盗传感器4类。

1．温湿度传感器

家用温湿度传感器一般为电子式传感器，通常采用高分子薄膜制成的湿敏电容测湿度。若使用2个独立的传感器分别测量温度和湿度，既提高成本，又会增加系统设计的复杂性。因此，家用温湿度传感器一般应选择集成温湿度传感器，如SHT11。这种类型的集成传感器可实现数字式输出、免调试、免标定、免外围电路及全互换功能，有效节省单片机的I/O资源，提高测量精度，保证产品的高可靠性和长期稳定性，其性能指标满足室内温湿度测量要求。

2．烟雾报警传感器

火灾探测的实质是在火灾中使用敏感元件来检测质量流（可燃气体、燃烧气体、烟雾粒子、气溶胶）和能量流（火焰光、燃烧的声音）等物理现象的特征信号，然后将其转换成另一种容易处理的物理量。根据火灾中不同反应信号的特点，火灾探测器可分为气敏型、感温型、感烟型、感光型和感声型等5大类型。

烟雾报警传感器被普遍应用于火灾检测工作中，它可以测试出火灾发生时的烟雾浓度并进行报警，通常这个设备安装在厨房。当火灾发生出现浓烟时，报警器就会发出亮光和声音，或者联动其他设备，比如有的报警器能够自动启动排风扇，将浓雾及时排出室外。烟雾报警传感器可用在火灾发生开始阶段的检测和报警，它能比传统的火灾检测系统提早几个小时进行报警，能在火灾发生一开始就消除火灾隐患，从而减小火灾的损失率。

按照报警功效的要求，选定合适的烟雾传感器非常重要。烟雾探测器中常见有光电型和离子型的器件。

生活中经常用到的离子感烟传感器的单电离室构造如图7-1所示，P_1和P_2是一对电极，在电极之间放置有放射性的物质，不停地放出α射线，高速运动的α粒子冲撞极板间的空气分子，把它们电离成正、负离子，让电极之间本来不导电的空气具有了导电性能。如果在极板P_1和P_2之间加一个电压E，让极板间原本没有规律的正、负离子在电场影响下进行有规律的运动，然后在极板间产生了电离电流。所施加的电压越高，电离电流就越大，如果电离电流不断增加至饱和电流值时，就不会再增加了。

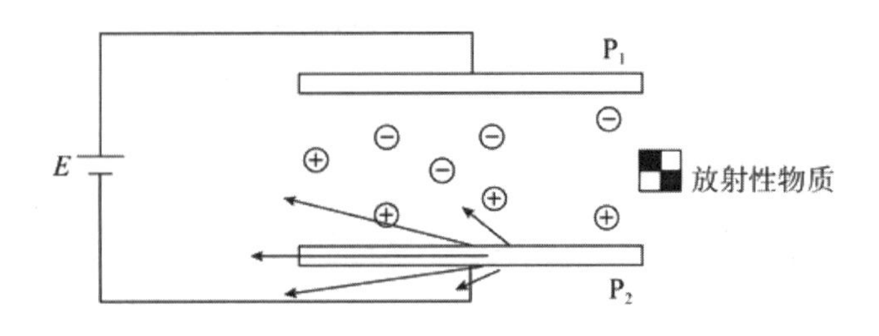

图7-1　电离室结构示意图

当出现火灾的时候，烟雾流入电离室，烟雾的阻挡作用使电离后的正、负离子在电场中的运动速度下降，与此同时，α射线的电离能力也会下降，最后电离室的电离电流也减小。烟雾浓度越大，它的阻挡能力就越强。利用离子源制作烟敏元件的主要特点是电流消耗非常低，仅数百纳安。

3．气体泄漏传感器

燃气漏气报警器是家庭生活中的重要设备，是人们安全使用燃气的有力保障。

当设置在厨房的燃气泄漏传感器检测到厨房中的可燃性气体含量超标或浓度超过预设值时，触发传感器节点执行燃气泄漏报警，然后通知排气风扇节点打开排气风扇，及时通风，也可由控制器通过执行器或执行电路发出报警信号或关闭燃气阀。

燃气泄漏报警器的基本组成部分包括燃气信号采集、A/D转换、单片机控制等电路。燃气信号采集电路一般由燃气敏感元件和放大电路组成，将燃气信号转化为合适的模拟信号。A/D转换器将燃气信号采集电路发送的模拟信号转换为合适的数字信号，并将其发送给单片机。单片机对该数字信号经滤波和其他处理后的数据进行分析、判断，如果大于某一预设值（报警限），则启动报警电路发出声、光报警，反之则为正常状态。为方便检测与监控，使仪器测试人员及用户能直观地观察到环境中的可燃性气体浓度值，可将浓度值显示出来。为便于调节报警限，可加入按键。

家庭中燃气中毒主要指一氧化碳中毒。现代生活中燃气中毒的事情经常发生，其中一氧化碳中毒是非常值得关注的，由于一氧化碳与血红蛋白的结合能力很强，是氧的200倍，人只要吸入一氧化碳，就会呼吸艰难，甚至出现窒息然后死亡。

当CO气体经过外壳上的孔隙通过透气膜扩散到工作电极表面时，CO气体会在工作电极上发生氧化现象。其化学反应式为：

$$CO+H_2O \rightarrow CO_2+2H^+ +2e^- \quad (7\text{-}1)$$

在工作电极上出现氧化现象得到的H离子和电子在电解液的作用下移动到与工作电极有一段距离的对电极上，与水中的氧接触发生还原反应。其化学反应式为：

$$O_2+4H^+ +4e^- \rightarrow 2H_2O \quad (7\text{-}2)$$

所以，传感器中就发生了氧化-还原的可逆反应。其化学反应式为：

$$2CO+2O_2 \rightarrow 2CO_2 \tag{7-3}$$

这种氧化-还原的可逆反应在工作电极与对电极之间一直都存在，而且在电极间会出现电位差。需要强调的是，2个电极上出现的这种现象能让电极发生极化，这样，极间的电位就很难保持稳定，所以也就限制了对CO浓度的可检测范围。

CO气体传感器与报警器一起使用，传感器是报警器的主要元件。当CO扩散到气体传感器上时，产生一定的输出，提供给报警器的采样电路。气体浓度发生改变时，传感器的输出电流会随之按比例发生变化，并经放大输出，和相应的控制装置一同构成环境监测报警系统。

4．家庭防盗传感器

防盗报警子系统主要用于发现非法侵入者（如盗窃、抢劫），并及时向住户和小区安全保卫部门发出报警信号，使住户免受侵害。典型产品有红外探测器和门窗传感器。

门窗磁式传感器由磁场恒定的小块永磁铁和一个常开型干簧管组成，一般安装在门内侧上方。如果永磁铁和干簧管的距离非常小，如5mm内，门窗传感器会保持工作守候状态；如果永磁铁和干簧管的距离较远，如大于8mm，它会立即发射报警信号，其中包含地址编码和自身识别码的无线信号。主机识别该无线信号的地址码，并判断是否为同一报警系统，然后根据识别码确定是哪个传感器报警。

红外热释电传感器通过检测人体发射的红外线来检测其检测区域中是否有人的存在，如果有人进入其检测区域，则产生电平触发信号报告节点处理器，然后节点将进行报警等操作。

二、环境监测中的传感器

（一）环境监测

环境监测是一类典型的物联网应用。相对于传统的环境监测手段，传感器网络监测包括3个优点：一是传感器节点体积小，而且整个网络只需要布置一次，所以对所处环境的人为影响很小，这对非常敏感外来生物活动的环境尤其重要；二是传感器网络能够获取的数据很多，准确度也非常高；三是节点自身可以对信息进行计算和保存，能够根据环境的改变实施复杂的监测。节点具有无线通信能力，能协同监控。通过加大电池容量和提高使用效率，以及使用功耗低的无线通信模块和通信协议可延长网络生命周期。节点的计算能力和无线通信能力使其能够对环境变化和自身变化及网络变化及时做出反应，因而适用于多种环境监测系统。

环境监测系统主要由3部分组成：前端高精度环境监测传感器模块、无线通信网络和数据监测管理中心。

一般环境监测所需测量的参数包括物理参数和化学参数。因此，环境检测所用传感器分为物理环境监测传感器和化学环境监测传感器。

（二）物理环境监测传感器

物理环境指研究对象周围的设施、建筑物等物质系统。空气环境质量与人体健康和舒适程度密切相关，物理环境监测传感器主要是对包括环境噪声、温湿度、水位、土壤水分及电导率等物理量的监测。

1. 环境噪声监测

噪声是一种声音，是指任何令人不愉快或不希望有的声音。声音由物体机械振动产生，振动体是声源，它可以是固体、气体或液体。声音通过介质（空气、固体或液体）传播，在传播过程中产生反射、衍射、折射和干涉。噪声在现实生活中已成为严重的公共卫生问题。

监测环境噪声是为了了解城市声环境质量，控制和减少噪声污染。环境噪声系统是一个复杂的噪声污染系统，包括许多环境信息，不仅有时间性和动态性，也有明显的空间分布特性。需要一种有效的环境噪声监测系统，它具有全天候、无人值守、系统自动校准等特点，可以固定或移动。环境噪声监测还必须符合国家环境监测技术规范。

环境噪声监测系统的前端噪声传感器在嵌入式计算机的操控下自主运行。环境噪声状态通过数据采集设备传输到数据预处理机，通过数据处理后传送给无线通信模块，并自动将数据传送给管理中心，形成噪声地图，以直观了解不同区域的噪声分布和噪声污染情况，及时发现超出环境指标要求和非法释放污染的场所，为管理人员提供证据和决策依据。

环境噪声监测系统有5个重要的组成部分：前端探头、信号调理模块、数据采集处理模块和远程无线通信模块。

2. 水位/液位监测

水位传感器分为非接触型和接触型。非接触型传感器的主要有微波雷达液位传感器、超声液位传感器和光纤液位传感器等；接触型传感器的主要有电容式、浮体式和磁致伸缩式液位传感器以及电位计式液位传感器等。

水位监测系统以传感器技术为核心，通过相关接口技术和通信网络组成一个在线自动监测模块，实现水位测量功能，反映出水质状态，并实时上传监测数据。

液位测量要检测的物料对象种类多，使用环境较恶劣，除要求测量精度高、稳定性好之外，还要工作可靠，抗干扰能力强，适合远距离传输，对温度及压力适应性强，连接方便，可远程控制。这些都是选择液位传感器时需要考虑的因素。

所测对象性质和具体测量要求不同，所使用的液位传感器的类型和测量形式就不同。不同原理的液位传感器的功能和性能特点是不同的。有必要选择甚至设计应用方案。所选择的液位传感器的原理和性能特点是决定监控系统结构和性能的关键。例如，对液体分层分离，液渣沉淀分离多层液位的自动测量，像微波雷达、超声这类非接触式液位传感器就不合适，而电容式和磁致伸缩式液位传感器则有可能满足测量要求。

电容式液位传感器为一些常规和特殊的液体位置测量和不同液体分界面测量提供了新的解决方案。它可以根据被测物体的介电常数与空气和其他液体介质的介电常数的不同来判断液位，也可以判断不同介质分界面的位置。它可以测量水、汽油、柴油、防冻液、酒精、硫酸等的液位和液体分层、液渣沉淀分离多层液位。

3．土壤水分监测

从电磁方面考虑，土壤由土壤固体物质、空气、束缚水和自由水等介电物质构成。大量实验研究表明，尽管土壤的构成成分和质地有差异，但土壤介电常数与土壤的容积含水量总是呈非线性单指数函数关系。目前，基于土壤介电特性测量土壤水分的方法主要包括时域反射法（TDR)、时域传播法（TDT)、频域反射法（FDR)、驻波比法（SWR)、高频电容探头法、高频晶体传输线振荡器法、微波吸收法等。其中，TDR、FDR以及一些电容方法是基于被测量介质中表观介电常数随土壤含水量变化而变化的原理。

介电法测量土壤水分的基本原理是把土壤看作空气、土壤颗粒和水的混合物。水的介电常数与土壤颗粒的介电常数和空气介电常数之间的差异较大，含水量的增加使土壤介电常数发生显著变化，测出土壤介电常数可得土壤含水量。

基于FDR法的土壤水分传感器通过测土壤的介电常数（电容）随土壤水分变化规律从而获得土壤体积含水量。它有多个探头，可在较深的地下进行测量。它属于非接触测量型，测量对象及可测湿度范围广，是一种低功耗、高性能的固体物料水分测试系统。由该传感器组成的一种农田环境无线土壤水分监测系统能实时采集多路物料水分数据，具有方便、快速、不扰动土壤、工作频率和测量范围宽、不受滞后影响、准确度不易受影响等优势，可自动、连续地定点监测土壤的动态含水量。

4．电导率监测

电导率传感器可测量液体的电导率，这种监测装置很重要，在工业生产中应用范围广，在人类生活中也扮演着很重要的角色。

根据测量的方法不同，电导率传感器可分为电极型、电感型及超声波式。电极型传感器根据电解导电原理，利用电阻测量法测量电导率，电导测量电极在测量过程中表现为一个复杂的电化学系统；电感型传感器根据电磁感应原理来测量液体的电导率；超声波式电导率传感器通过超声波在液体中的变化进行测量。前2种传感器的使用更为普遍。

利用电导率传感器结合单片机系统技术，可实现电导率的自动测量。通过调控激励信号，可以提高测量精度和线性度。

（三）化学环境监测传感器

化学环境是指由土壤、水、空气等组成因素所产生的化学性质，赋予生物以一定作用的环境。化学环境监测传感器是对环境中化学量的监测，主要包括有害气体浓度监测、pH值监测、溶解氧监测、总有机碳（TOC）监测等。

1．有害气体浓度监测

有毒有害气体监测是通过检测有害气体浓度的传感器来检测环境中目标气体的组成和含量。通过监测空气中SO_2、NO_2、CH_4、CO_2和其他气体的浓度，自动监测环境空气质量。自动监测系统需要实时采集、处理和存储监测数据，并定期或随时向中心发送监测数据和设备运行状态信息，实现对不同区域污染源的定位和治理。

由于气体成分复杂，用传统的化学传感器不仅数量多、功耗大，准确度也低，因此要用气相色谱检测系统检测有害气体浓度。这种系统以智能仪器化的传感器组件替代传统单一的化学传感器，提高了灵敏度。这种可测量多种气体的色谱检测传感器组件可满足物联网用传感器体积小、质量轻、低功耗、分辨率高、易操作、可远程输出结果等要求。

2．水质监测

水质监测是对包括pH值、溶解氧量、电导率、总有机碳（TOC）、浊度等在内的一系列参数的综合检测，通常用水质监测系统来完成。水质监测系统以在线自动分析仪为核心，采用传感器、计算机自动测控技术及相关专业分析软件和通信网络，形成一个完整的在线自动监测系统。通过对上述参数的检测，连续、及时、准确地监测目标水域的水质变化，通过统计处理反映水质状况，并实时上传监测数据。用于水质监测的传感器包括测量上述各参数的传感器。

（1）pH值监测。pH值是水溶液中一个重要的物理化学参数，关于水及溶液的自然现象、化学反应和生产过程都与pH值有一定的关系。玻璃电极是被普遍使用的pH传感器。pH玻璃电极只能测量水溶液介质的pH值，它的测量结果非常准确，而且反应快，但是其内阻非常高（一般为10^8～$10^9\Omega$），机械强度不好，容易损坏，存在误差，不能测试含氟溶液的pH值。

（2）溶解氧监测。溶解氧（DO）是指溶于水中，以分子状态存在的氧，水中DO的含量会受到空气中氧的分压和水温的影响。通常，空气中的氧气含量变化不大，水的温度是影响DO含量的主要条件，水温降低，水中的DO含量就会增加。在0℃常压下氧的溶解度为14.64mg/L。水中的DO含量虽很少，但它是水中生物得以生存的必备物质。

DO浓度的检测对化工、污染整治、食品等领域都有很大的影响。当检测水质时，DO通常用于评判水质和水体的自净化能力，所以DO是必须测量的一个重要参数。

监测水质最常用的指标中，DO检测通常置于生化需氧量（BOD）和化学需氧量（COD）的前面进行检测，且DO结果常起到预警作用，因有机化合物在好氧菌的影响下会出现生物降解，所以要损耗水中的DO而导致它先下降。当水体受到有机物污染时，氧气含量下降，DO也相对减少，得不到及时补充，水里的厌氧菌就会迅速繁衍生长，有机物由于衰败使水体变得又黑又臭。当水中的DO值下降到5mg/L时，某些鱼类就无法正常呼吸。DO也是生产某些产品时需要严格把控的指标。比如，在生产啤酒时，糖化和发酵的过程必须对DO含量进行严格把控，不然生产出的啤酒就会出现难闻的臭味，或发生沉淀现象。在防控金属腐化过程中，DO也发挥着很重要的作用，比如，高压锅炉的给水虽然进行了预处理，没有了溶解盐等物质，但锅炉水中还存在很多气体，里面的氧气与铁接触可形成腐蚀电池，导致锅炉给水系统的腐蚀。在生命科学中，DO可以反映细胞新陈代谢等重要的生命活动。总而言之，精准地检测DO有非常重要的作用。

DO监测模块的基本原理是氧分子通过覆膜扩散，还原为阴极上的氢氧根离子（OH^-），银阳极被氧化成银离子（Ag^+）（在阳极上形成卤化银层）。阴极释放电子，阳极接收电子以产生电流。通常，流过DO测量探头的电流与测得的介质的含氧浓度成正比。变送器接收电流，并对其进行处理，最终通过氧浓度（mg/L）、百分比饱和度（%SAT）或氧分压（hPa）表示测量介质的DO含量。测量电极和变送器构成一个特殊的传感器检测系统（SCS）。

覆膜式DO传感器及变送器具有O_2选择性强、维护简单及成本低、空气标定简便、无零点标定要求、长期稳定性高等特点，测定范围为0.00～20.00mg/L，分辨率为0.1mg/L，反应时间（25℃）T_{90}为30s（T_{99}为90s），适用于污水处理、水文监测、水产养殖、化工行业、环保监测、污染治理、酿酒发酵、临床医学等领域。

（3）TOC监测。TOC（总有机碳）是水体中有机污染物含量的重要指标，可以精准反映有机物的总含量，但其缺陷是无法反映水中所含有机物的类型和构成，一般用mg/L或μg/L作为单位。TOC的测量方式有很多优势，如灵敏性高，速度快，成本低。所以，在国际上TOC检测普遍用在环境监测、水处理、石化、制药等行业。

现在对TOC的分析基本都是仪器分析，检测方法包括在线检测与离线检测（实验室检测）。TOC分析的基本原理是对水中的有机物进行氧化，形成二氧化碳，然后检测二氧化碳。因为其应用的领域不一样，因此TOC分析仪的原理也不一样，主要表现在有机物氧化方法不同和二氧化碳检测方法不同这2个方面。

该类仪器的检测包括地表水和污水等领域。它的检测运用了UV-VIS法，不需要试剂药品，使用蓝宝石透镜组，镜面经过特殊的镀层工艺处理，耐候性好，质地非常光滑，不会沾上污染物，能够抵御微生物的生长。它的测试速度非常快，1min就可以进行一次，能实时反映水质的任何变化。内置测试光路和参考光路，可随时修正测试偏离，它采用的全光谱扫描法可以防止水质浊度、色度等的干扰。其传感器直接浸没在待测水样中，避免取样等原因造成的数据偏差，不需要样品输送及预处理，可实时连续监测，测量范围为0.1～4000mg/L，准确度为±3%。

（4）其他监测。紫外光谱分析法、离子色谱法和流动注射法等是监测总磷的主要方法，在实践中最常用的方法是紫外光谱分析法。在水质总磷监测中，磷酸根离子选择性电极的研究越来越受到人们的重视。在检测水体中磷酸盐的化学传感器技术中，液膜磷酸根离子选择电极和固体膜磷酸根离子选择电极的研究已经相继取得了一定的进展，在其他领域内，关于磷酸根离子接受体方面的研究也获得了一些新发现。

第二节　传感器节点典型解决方案举例

一、一种可持续监测振动的低功耗无线传感器节点方案

无线传感器网络通常是由许多传感器节点组成的自组织网络。节点具备无线通信能力，既要负责环境信息的采集、处理，也要收、发自身和网络的数据，除了成本、尺寸限制导致其处理和存储能力有限外，因采用电池供电，而电池不便更换，使节能成为其核心问题。在构成节点的4个模块中，传感器模块通常被认为具有低功耗的特点，并且现有的研究基本上只考虑处理器和通信的节能。有限的供电使无线传感器网络仅适用于非实时环境监测。事实上，一般传感模块的功率远低于通信模块的功率。然而，当传感器需要连续工作时，如在工业过程、设备或环境状态监测中，在需要检测动态信号的情况下，由于实际通信时间相对较短，传感模块的能量消耗不小于通信模块。此外，对传感器的性能要求越高，其能耗越大。现有的无线传感器节点难以适应实时性要求高或连续工作的场合。

以面向设备状态监测等要求实时性和长时间监测的振动检测节点装置的低功耗设计为例，说明在现有传感器网络所涉及的基础技术上，通过传感器件的组合与系统工作方式设计，实现在符合性能要求的基础上，达到长时间持续工作的目标。同时，借此例说明解决用于目标探测、状态监测等在线实时应用时节点节能的可能思路和途径。

（一）传感模块的节能技术特点

在一般的节点低功耗设计中，传感模块以低占空比方式运行，因此在无线传感器节点的低功耗技术研究中，大多忽视了传感模块，缺少对该模块工作的低功耗设计。由于无线传感器技术的发展和面向实时应用的需求，实际中有许多场合需要对振动信号进行持续不间断的在线监测。对于持续监测信号，即使采用了低功耗集成传感器件，传感模块的能耗占节点总能耗的比例也很大，因此要根据任务需求和传感器特点进行低功耗设计。

传感器的种类很多，工作原理和组成也不尽相同。根据能量关系，传感器可分为自源型和外源型。自源型传感器的输出直接从被测量转换而得，不需要激励电源。然而，由于信号微弱，测量精度通常低于外源型传感器的测量精度。在目标检测和状态监测场合，虽然使用高精度的外源型传感器可以符合精度要求，但是当目标的出现不可预测时，用这种传感器进行连续监测会使节点电池能耗太大，不能满足长时间工作的要求。使用自源型传感器可以显著降低节点能量消耗，延长节点寿命，但其测量精度和带宽往往不足。在这个阶段，仍然缺乏高性能和低功耗的传感器件，并且通常只能从节点设计中找到兼顾性能和节能的方法或方案。

无线传感器节点的不同模块有不同的工作电流或电压，同一模块在不同工作状态下的电流也不同。从节能角度考虑，节点各模块必须具有功耗不同的工作形式和工作电压，所以一定要调整电源。此外，节点上选择类型不同的电池，会导致电池本质上的非线性特性和输出电压范围不同。为了给各模块提供平稳不变的电压，并且能够有效使用电池电能，必须实施高能效的升压、降压或升/降压稳压的调节。负载变化和电池特性让节点电源调整器的输入、输出保持在不断变化的状态中，其中输出电流的变化比较大。这就要求节点电源与管理既要满足节点运行与性能所需的电源规格和质量要求，还要适应节点其他模块的负载变化，并能及时提供所需的电压和电流，降低从高负载到空载的电源功耗，提高能效。目前大多数节点直接由电池供电，一些典型的节点平台只配备线性电压调节器，以维持电池的稳定电压输出，未实现电源模块的节能。

（二）实现节能的节点构成设计

鉴于现有传感器技术实现低功耗的技术途径有限，一般的应用设计只能以现有低功耗元器件为基础，在应用层面进行低功耗设计。根据某设备运行安全状态信息监测项目对振动信号的检测要求，针对目前传感模块低功耗设计方面的欠缺与不足，这里给出一种从节点的传感模块的组成结构和工作方式方面综合设计的能兼顾性能与节能的方法和方案。具体地说，它是一种用于连续监测振动的低功耗无线传感器网络节点设备方案，使节点能够满足有效地对振动信号进行实时监测以及数据处理和传输要求，并通过有效的整体节能管理设计达到长期连续工作的要求。

可持续监测振动的低功耗无线传感器网络节点装置由微处理器模块、电源模块、通信模块和传感模块等组成。微处理器是节点的核心，其他模块连接到微处理器，并由微处理器控制。

该节点各模块以及各模块内关键器件的供电与信息流的控制功能结构设计目的是使各模块中主要耗能的功能器件的工作与供电全部由处理器感知和控制，以实现高效节能管理。节点电源以锂电池为主，太阳能电池为辅。2种电池的输出分别接受控于微处理器的第一模拟开关的2个输入端，第一模拟开关的输出端经稳压器接微处理器的电源接口。锂电池的输出接二极管正极，二极管负极接电源模块输出端。节点装置刚启动时，模拟开关还不起作用，此时，锂电池通过二极管为微处理器供电。当无线传感器网络节点装置稳定工作时，二极管支路就不再起作用。另外，还设有一个超级电容器与太阳能电池并联，以增强节点的储能能力。

节点的传感模块包含2种器件：性能不高但功耗极低的自源型敏感器件以及功耗相对大但性能高的外源型敏感器件。模块的结构：自源型振动传感器的信号输出端经第一运算放大器与微处理器的信号输入端相接，自源型振动传感器的信号输出端接比较器的一个输入端，比较器的另一个输入端接可由数控电位器设定比较阈值的参考电压电阻分压电路输出端，比较器的输出端接微处理器的中断口。外源型加速度传感器的信号输出端经第二运算放大器与微处理器的另一个信号输入端相接；外源型加速度传感器的电源端经受控于微处理器的第二模拟开关的一个开关通道连接到电源模块的输出端口；第一运算放大器的电源端经受控于微处理器的第二模拟开关的另一个开关通道连接到电源模块的输出端口。

节点采用具有超低功耗的微处理器MSP430F1611，电压调整稳压器选用在小负载下能维持高能效的集成升/降压稳压器TPS63030，自源型加速度传感器由压电振动元件MiniSense 100结合低功耗比较器TLV3492和运算放大器构成，外源型加速度传感器选用低功耗集成器件ADXL202，第一模拟开关、第二模拟开关和第三模拟开关均选用超低功耗的集成电子模拟开关ADG821，第一运算放大器和第二运算放大器均采用低功耗集成芯片TLV2402，无线通信器件选用集成模块CC2520，参考电压源采用REF1112，节点的工作电压为3V，即电源模块输出端口的输出电压为3V。

节点的通信模块结构：无线通信器件通过受控于微处理器的第三模拟开关连接到电源模块的输出端口，无线通信器件与微处理器相接。

（三）模块电路设计

压电振动传感器MiniSense 100（以垂直方向为例）的调整电路包括整流电桥、低功耗比较器和低功耗集成运算放大器。首先对压电振动元件的电压输出进行整流，然后连接到比较器U13C的负输入端和集成放大器U7C的正输入端，U7C的输出端连接到微处理器的A/D转换器接口，实现对电压振动元件输出电压的采样。比较器的正输入端接参考电压，该受控参考电压电路包括低功耗参考电压源U10C和数字电位器U14C，通过微处理器的27脚、28脚控制参考电压电路的输出电压值。当超阈值振动信号出现时，比较器的输出端1脚和7脚分别连接到微处理器的中断口17脚和19脚，并且微处理器被中断模式唤醒，然后微处理器通过低功耗模拟开关U5C的第二通道为自源型压电振动传感器中的运算放大器供电。从而对自源型压电传感器的输出进行采样。若采样结果表明该信号强度大于阈值，就认为设定的目标信号出现，此时选通低功耗模拟开关U5C的第一通道，启动高精度外源型加速度传感器。

通过比较器的输出端唤醒处于休眠状态的微处理器，并使自源型压电振动传感器中的运算放大器（TLV2402中的第一运算放大器）通过模拟开关与电源输出端相接，一方面是为了避免误动作触发中断，微处理器进一步对自源型压电传感器的输出进行采样的目的之一就是检查是否有误动作发生；另一方面是为了节能，即第一运算放大器平常不供电，只是在需要采用的时候才供电启动，这样就能显著地降低能耗。

图7-2为了节点的自源型压电振动元件和整流电桥电路图。采用压电振动元件MiniSense 100对某一方向的振动信号进行检测，电压灵敏度为1V/g。压电传感器接口J8C连接到节点主板压电信号接口J9C，用于将输出电压传送到主板上的低功耗比较器U13C。根据实际需求将本电路安装至不同位置及方向上，即可实现多维振动探

测。例如，实际需求中需要探测垂直方向与水平方向的振动信号，即二维振动探测，则可使用2个该种电路，分别安置于垂直方向与水平方向。同理，若需要三维或更多维的振动探测，只要将3个或更多该电路分别安装于需要探测的位置及方向即可。

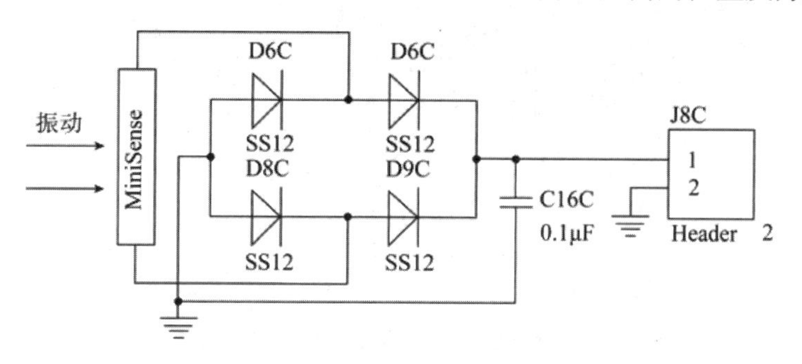

图7-2　压电振动元件及整流电桥电路图

图7-3是节点装置的外源型振动传感器的电路图。加速度传感器接口J1C连接到节点主板加速度信号接口J3C。本例中的多维加速度传感器为双轴加速度计ADXL202E，工作电压为3～5.25V，工作电流为0.6mA，测量范围为±2g，灵敏度为167mV/g，功耗相对偏大，但测量精度高、频带宽，其输出接RC滤波电路，再由低功耗放大器U2C放大并发送到加速度传感器接口J1C，微处理器将P1.3对应的I/O端口置高电平，从而选通低功耗模拟开关U5C的第一通道，即U5C的第二引脚连接到提供给加速度传感器的3V电源，启动加速度传感器，获得高精度的测量数据；反之，如果微处理器将对应于P1.3对应的I/O端口置低电平，则关闭了加速度传感器的3V电源，即关闭了该传感器。

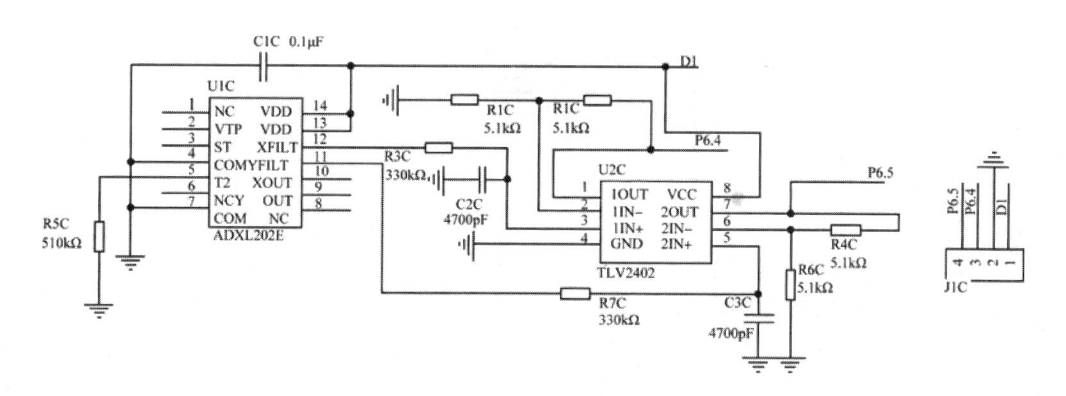

图7-3　外源型振动传感器电路原理图

图7-4为节点的无线模块控制示意图，MSP430F1611与无线模块通过电源控制线、数据线以及控制线连接。无线模块周期性地监听信道，若无接收数据，则微处理器发出休眠命令，使无线模块转入低功耗休眠方式，若有数据发送，则发送完毕时转入休眠方式。为进一步节能，可采用电源控制线，输出一低电平，即可断开低

功耗模拟开关ADG821的选通通道，使无线模块处于断电状态。

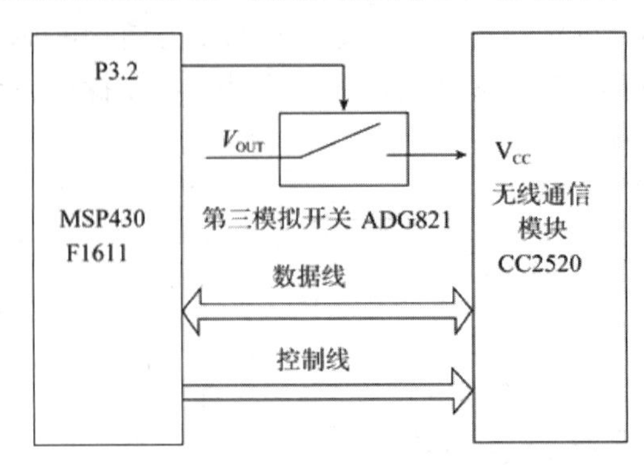

图7-4　微处理器与无线模块通信控制接口电路

图7-5为节点的电源模块电路图。电源调整采用升/降压调节器TPS63030。当输入电压为3V时，输出电流达到500mA，在节能模式下，当输出电流降低到1mA时，仍能使能效保持在85%以上。宽输入电压范围的太阳能电池接口J13C，超级电容接口J14C和可充电锂电池接口J15C分别接太阳能电池、超级电容以及充电锂电池。3V电压输出端口J16C和电源模块控制端口J17C分别连接到微处理器的3V电压输入口J2C和处理器模块电源控制口J12C。当节点设备通电时，锂电池的输出电压直接通过二极管和电阻降压（低于3V）后传送到微处理器，从而启动微处理器。然后，微处理器控制低功耗模拟开关U17C，即1个ADF821加半个ADG821来实现供电管理，从而在太阳能电池、锂电池和直接输出与通过稳压器调整稳压输出等供电方式之间进行选择，达到控制电源供电的目的，从而最大限度地提高电源效能，延长使用寿命。

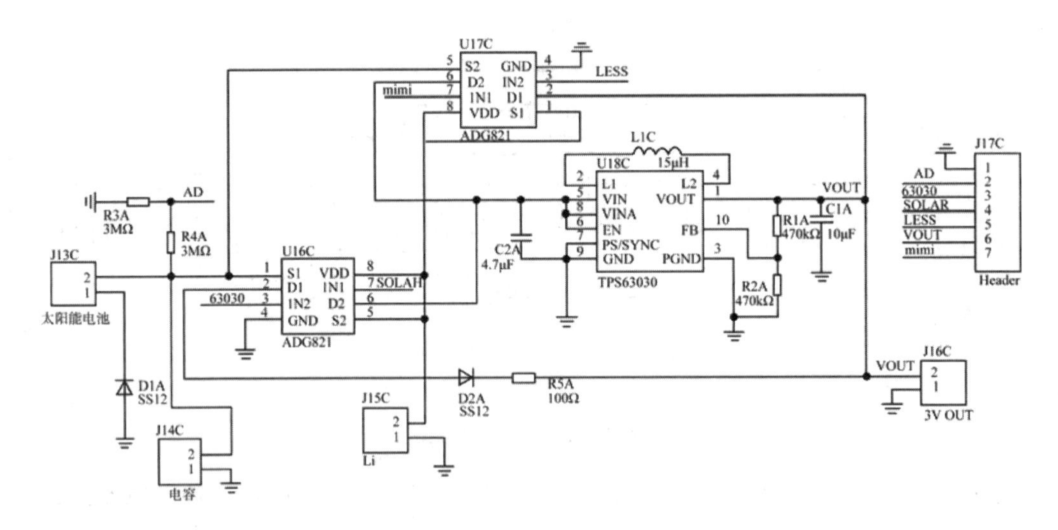

图7-5　节点的电源模块电路图

以节能为主要目标的节点供电方式选择策略如下。

1．太阳能电池电压大于3V时，微处理器31脚置高电平，太阳能电池负责供应电量；太阳能电池电压小于3V而大于TPS63030的最低输入电压时，微处理器30脚、32脚置高电平，使太阳能电池的电压输出通过TPS63030调节为3V的平稳电源，从而为节点供电；太阳能电池电压小于稳压器的最小输入电压时，不能采用太阳能电池。

2．不使用太阳能电池时，当锂电池电压高于3.3V（3V+0.3V），或低于3V但仍高于TPS63030的输入电压下限时，微处理器32脚置高电平，开启TPS63030，把稳压器的输出当作节点现在的电源；如果锂电池电压小于3.3V且不低于3V时，直接使用锂电池作为供电源；若锂电池电压低于TPS63030的输入电压下限值，则表明节点的电能已经全部耗尽。

由于需要判断太阳能电池和锂电池的电压，因此必须有测量太阳能电池和锂电池电压的相关电路，且将测量的信号送入微处理器进行处理，这部分电路为现有成熟技术。

（四）主要节能设计与效果分析

本节点方案以保证性能为前提，以低功耗方式实现对振动信号的持续监测，延长节点使用寿命，主要节能设计及效果体现在3个方面。

1．采用自源型与外源型传感器协同工作方式降低传感模块功耗。现有无线传感器节点采用的即便是低功耗的外源型集成传感器件，相同性能下其工作电流最低也在0.3mA以上，属HA级，采用3.3V工作电压，则其功耗在1～10mW之间。若传统节点应用在持续工作场合，当其工作时间提高10倍，如由1s提高到10s，则传感模块能耗（按1mW计）由1mJ增至10mJ。本方案供电电压为3V，以自源型传感器探测目标信号，若无目标事件出现，外源型传感器保持休眠状态，仅有自源型传感器的比较电路耗能（$<2\mu pW$），其10s能耗$<200\mu J$；若目标事件发生，则启动外源型传感器以获得高精度测量数据，若外源型传感器休眠时间与工作时间相同（50%占空比），则10s内的传感器模块能耗仅增加至4.7mJ（4.5mJ+0.2mJ=4.7mJ），不到传统节点传感模块能耗（10mJ）的一半。目标事件属低概率事件，需要高精度测量的情况很少，因此若以事件发生概率为1%计，则本节点的传感模块的能耗（平均功耗）可低达传统节点的1/41（$0.45\times0.01+0.02\times1\approx1/41$）。

2．采用低功耗模块开关切换节点电源的供电方式提高电源能效。传统节点大多使用电压调整器以固定方式为其他模块提供稳定电压，但电压调整器的能效随负载变化，小电流下一般电压调整器的平均能效大多不超过75%。节点以锂电池和太阳能电池为主、辅电源，选小负载下能保持高效（85%以上）的电压调整器，根据节点负载及太阳能电池的电压动态选择电压调整供电方式，使电源模块平均能效高于85%。

3．无线通信模块动态管理。无线通信模块周期性地监听信道，无数据时由微处理器控制，转入低功耗休眠模式，有数据时，则在发送完毕后转入休眠模式。为进一步节能，由微处理器的I/O口控制低功耗模拟开关，切断无线通信模块的电源供应。

二、一种灌区监测无线传感器网络节点方案

（一）灌区信息化概述

灌区信息化是计算机技术、自动控制技术、系统工程技术和水利信息地理信息系统相结合的产物，是集采集-处理-决策-信息反馈-监控于一体的系统，以实现水资源的合理配置和灌溉的优化调度。

一般而言，中国现有的灌区信息系统大多采用有线方式采集水位、降雨量、闸门位置、土壤含水量等参数和传输水情、雨情、干旱和气象等信息，这种方法存在布线复杂、受自然条件限制、线路容易损坏、安装维护费用高的缺点。同时，当要增加测量参数时，需要修改数据采集硬件和软件，系统的可扩展性差，使用不便。无线传感器网络的工作模式和特点以及灌区信息系统的应用环境，使得无线传感器网络在灌区信息采集应用中具有天然优势，易于安装、维护、使用，并有较强的可扩展性。因此，对于灌区信息化，开展无线传感器网络的应用研究具有十分重要的意义。

（二）灌区监测无线传感器网络的结构和特点

灌区的管理主要是对闸门的控制和对各种传感器的管理。灌区一般都建有闸站站房，并使用交流电，因此将汇聚节点布置在闸站站房中。根据灌区规模大小和地理环境的差异，传感器布设情况也有不同，结合无线传感器网络的构造，用于测试灌区的无线传感器网络能够采用构造不同的网络，如适合微小型灌区的星形结构、适合中型灌区的链状结构和适应大型灌区的星链状混合结构。

无论是采用星状结构、链状结构还是星链状结构，这种应用系统都需要使用不同种类、不同数量的传感器来提供灌区中不同地点的与水相关的信息，主要是农田中不同地点的土壤含水量、雨量信息和闸站的水位、闸位信息等。因而需要测量不同参量的传感器节点，并以无线方式经过多跳通信将信息传送、汇集到闸站。这些节点有的只需测量单一参数，有的需要观测多种参数，但都必须满足低功耗要求。对此，需要进行针对性研究，设计出符合灌区网络化信息采集要求的无线传感器网络系统与节点。

（三）传感器网络系统设计

1. 系统结构

灌区监测系统是一个基于无线传感器网络的应用系统，包括传统传感器节点、汇聚节点和管理节点。现场传感器网络由雨量节点、水位节点和闸位节点组成。管

理节点由位于信息中心的网络系统和信息移动终端组成，汇聚节点和信息移动终端采用GPRS和信息中心线路交换信息。

2．功能

（1）传感器节点是灌区信息的来源，负责采集水位、闸门位置、降雨量、土壤含水量等局部信息，并通过RF通信模块将数据传输到汇聚节点。

（2）汇聚节点属于WSN内部网络与管理节点的接口，能够通过传感器网络与Internet等外部网络相连，进行协议栈之间的通信协议转化，管理节点的监控工作，接收各传感器节点发送的数据，并通过GPRS网络实时上传至信息中心和转发到外部网络。

（3）管理节点的功能是采集、储存和处置实时数据，查找和归纳历史数据，它由信息中心的网络系统和信息移动终端构成，终端用户可通过Internet异地访问中心数据。

对于汇聚节点和管理节点的设计，因为与传感器测量的关联性不大，这里不再介绍。

（四）传感器节点设计

传感器节点包括传感模块、微处理器模块、无线通信模块和电源模块4部分。传感模块的功能是收集水位、雨量、闸位、土壤含水量和温度等参量；微处理器模块的功能是对整个节点的运行进行把控、对传感器得到的信息数据做好保存工作；无线通信模块负责收发数据和交换控制信息。

1．低功耗设计

无线传感器网络节点的能耗决定了整个网络的生命周期。从硬件结构看，一般认为节点的能耗主要指微处理器模块和无线通信模块的能耗，选择高性能低功耗的微处理器和无线射频模块可大大降低节点的能耗，延长网络的生命周期。

（1）微处理器：从实际工作时间长度和低功耗考虑，选择休眠时功耗低的微处理器有利于降低节点能耗。MSP430系列单片机因其低功耗优势，被广泛应用于传感器节点中，因此该系列的单片机被选为雨量等监测的传感器节点的处理控制机。

（2）射频模块：由于TI公司的无线通信模块CC2420的功耗相对较低，且便于与单片机通过SPI接口连接，因此选用基于CC2420的无线收发模块作为节点的无线通信模块。

（3）传感器：传感器的功耗涉及多个方面，在满足基本功能和性能要求的前提下，从测量原理、工作周期、器件选型、信号调理电路和数据处理等方面考虑低功耗和节能。传感器的低功耗设计是节点低功耗设计的一部分，在设计中有更多的选择和效果，其中低功耗效应与传感器类型有很大的关系。

2．传感器选型与节点硬件设计

该系统主要涉及雨量、水位/闸位和土壤水分的监测，这3种参量的传感器存在不同的使用要求，可选范围不同，还需考虑实现测量的低功耗要求。在3种参量传感器中，雨量传感器的品种最多、测量方式差异最大，以下重点介绍雨量监测节点的传感器选型。

（1）雨量监测节点。雨量传感器也称为雨量计，它是获取雨量信息的传感仪器。从某种意义上讲，雨量仪技术的发展也是降雨信息采集技术的发展。雨量仪器经历了传统观测、常规仪器测量和自动化测量的发展过程，正朝着智能化和网络化的方向发展。传统观测主要采用雨量计和虹吸雨量计。雨量计一般包括雨量筒和量杯，用量杯来测量雨量。虹吸式雨量计可以自主测试降雨，它是一种可以获得总雨量、降雨开始和结束的时间以及降雨随时间的分布情况，以计算强降雨的仪器。在小雨的情况下，测量精度更高，性能更稳定。然而，这2种仪器的原理限制了将降雨量转换为电信号输出和进一步的数据处理，并且也不能在长距离上传输。

进入自动化阶段的雨量计具备了采集、传输、处理、存档、检索和服务等功能，具有向遥测化、系统化和网络化发展的潜在基础。除在原有基础上不断完善外，还产生了一些新型雨量计，如浮子式雨量计、容栅式雨量计、超声波雨量计、光学雨量计等。

浮子式雨量计实质是一种浮子式水位测量仪器，浮子通过感应进入浮子室的雨量水位的变化得到降雨量，分辨力可达0.1mm，并能适应大范围的降雨强度。但它结构复杂，且价格高、可靠性低、使用复杂，因此只能在一些特殊场合中使用，不能大范围推广应用。

容栅式雨量计的主要结构与浮子式雨量计相似。不同之处在于前者在浮标上安装感应尺，利用感应尺感测浮子室的降雨量变化，以获得降雨量。雨量的测量精度与感应尺的精度有关。与浮子式相比，容栅式克服了浮子的测量阻力，但其结构仍然复杂、价格高、可靠性低。

超声波雨量计基于超声波在不同介质中传播特性的差异。其优点是精度高，适应降雨范围强度大，克服了上述雨量计的损失误差，但结构复杂、可靠性低、价格昂贵，难以推广。

光学雨量计是一种复杂的间接感测式雨量计，利用光源发射的红外光，经雨滴衍射、散射效应引起光闪烁，通过对闪烁光的光谱分析测得降雨强度及雨量。其测量精度受光源、闪烁光的接收和光谱分析算法影响，误差较大，但能适应大的降雨强度范围，价格昂贵。

表7-1所示是不同类型雨量计的分辨力、适用降雨强度范围和准确度的比较。

表7-1　不同类型雨量计的分辨力、适用降雨强度范围和准确度

雨量计类型	分辨力/mm	适用降雨强度范围/（mm/min）	准确度
翻斗式雨量计	0.1，0.2，0.5，1.00	0～4	±4%
浮子式雨量计	0.1	0.01～10	±0.5%（≤50mm） ±1%（>50mm）
容栅式雨量计	0.01	0～5	±0.2%（≤10mm） ±2%（>10mra）
超声波雨量计	0.04	0-10	±0.2%（≤10mm） ±2%（>10mm）
光学雨量计	0.001（OSI公司产品ORG-518）	0.016～8.3	±5%
国家标准	0.1	0～4	±0.4mm（≤10mm） ±（>10mm）

从表7-1中可知，翻斗式雨量计虽比其他雨量计的分辨力低（大多为1mm）、适用降雨强度范围小、准确度不高，但它可靠性高，适合长期在野外恶劣环境下工作。其他雨量计的分辨力、降雨强度范围、准确度虽优于翻斗式雨量计，但结构复杂、可靠性低。光学雨量计在工作原理上有别于其他雨量计，误差较大，具有测雪功能，其主要应用场合为机场、港口、高速公路等特殊地点的全天候测雨及测雪。

鉴于翻斗式雨量计的性能优势和脉冲输出特点，从可靠性和接口方便及节能考虑，现地的雨量传感器节点宜选翻斗式雨量计。该节点的构造，DMSP430F149负责节点的数据处理、设备控制、功耗以及任务管理等；CC2420负责无线通信、交换控制信息和收发采集的数据；存储模块负责本身信息和采集数据的本地存储；电源模块用电池供电，并以太阳能电池作为辅助电源。当有降雨时，翻斗式雨量计内的翻斗驱动光电转换器产生一个通断脉冲信号，这是一个雨量值。利用MSP430F149对脉冲进行计数和处理，得到实时雨量处理器模块值，然后通过射频模块CC2420进行传输。

雨量采样电路有可能受到干扰，可根据当地的最大降雨强度用定时器来进行消除。电路中采用RC滤波器，并将雨量脉冲锁存到锁存器，用查询和中断方式采集雨量信号。如果发生降雨的总时间不长，节点大部分时间处于掉电工作方式，该方式工作电流仅为18μA，用干电池可工作较长时间；当需要在野外连续长时间工作时，可选用太阳能电池作为辅助能源。

（2）水位/闸位节点。水位传感器按测量方式可分为非接触型和接触型。非接触型液位传感器主要有微波雷达液位传感器、振动液位传感器、超声液位传感器和光电、光纤液位传感器等；接触型的主要有电容式、电位计式、浮体式等液位传感器和磁致伸缩液位传感器。

常用的水位/闸位传感器有光电式和机械式编码器等。从节能和方便接口考虑，

水位/闸位节点选用光电式编码器。其编码方式采用格雷码、变形码等，大多以并行方式输出码值。MSP430F149通过内部I/O口读入传感器数据，然后经过处理之后，通过射频模块CC2420发送。

（3）土壤含水量节点。土壤含水量传感器有FDR、TDR、驻波比法、高频电容探头法、甚高频晶体传输线振荡器法、微波吸收法等多种方法，都是通过采集土壤湿度获得其水分信息。

FDR频域反射法是运用了电磁脉冲规律、按照电磁波在介质中传播频率来测试土壤的表观介电常数，获得土壤容积含水量的。FDR具有方便、快速、不扰动土壤、工作频率和测量范围宽、不受滞后影响、精度高等优势，可自动、连续地定点监测土壤的动态含水量。

TDR时域反射法的原理是在一条不匹配的传输线上的波形会发生反射。传输线上的所有波形都是由原有波形和反射波形叠加在一起形成的。TDR的设备反应时间为10～20s，适合动态测量和静态监测，盐度几乎不会对测试结果造成影响，但是它的缺陷是电路比较复杂、设施价格比较贵。

FDR几乎具有TDR所有的优点，探头形状非常灵活。FDR需要比TDR更少的校正工作。针对FDR型土壤含水量测量的优点，土壤水分传感器节点选择FDR土壤含水量传感器，并利用MSP430F149采集并处理输出的含水率测量数据，然后通过CC2420进行传输。

（五）现地信号处理

现地信号因随机干扰而导致随机测量误差，为消除干扰，可采用硬件滤波方法和软件方法，即数字滤波来抑制信号中的干扰成分，消除误差。因数字滤波法使用灵活，通过改变滤波程序参数就可实现不同的滤波效果，所以信号处理的方式就选用数字滤波这种方式进行。

针对灌区采集数据具有信号变化缓慢、信号采集周期较长的特点，对常用数字滤波法进行综合分析，得出一种数据池滑动中值平均法，具体方法如下：

开辟n组存储单元的数据池，存放n个按先后次序不同时刻采集的数据，位于数据池最后的数据为最近采集的数据。设T时刻的数据池中有n个数据为：

$$a_1, a_2, a_3\cdots, a_i, \cdots, a_j, \cdots, a_{n-1}, a_n$$

T时刻采集到的一个数据a，将原数据池中第一个数据a_1丢弃，a_2，…，a_n向前滑动一位成为新的a_1，…，a_{n-1}，新数据a添加到此数据池中作为新的a_n。

再将这个数据池的n个数进行排序，取其中K个数求算数平均所得为输出结果。设b_i，…，b_j为数据池n个数据排序后中间的K个数据，则滤波输出结果为：

$$b = \mathrm{K}^{-1}\sum_{m=\mathrm{j}}^{\mathrm{j}} \mathrm{b}_m \tag{7-4}$$

可根据实时性要求决定数据采集时间间隔，同时可根据实际效果调整数据池中数据的个数。由于数据池中几个大数和小数都要去除，取中间数据均值可有效消除脉冲干扰。

三、一种穿戴式健康监护传感器节点方案

（一）背景

近年来我们的生活水平发生了翻天覆地的变化，人们对于健康的话题关注度也越来越高，原来面对面看病的形式存在很大的弊端，既浪费资源又浪费时间，已经无法与健康保健的迅速发展并驾齐驱。传感器和计算机及无线网络通信技术的迅速发展，使穿戴式医疗/健康监护成为可能。

与传统的仅仅采集生理信号的便携式监护仪不同，穿戴式医疗/健康监护设备是把生理参数测试技术融于人们日常身上穿的衣服，达到在自然状态下就能获得基本的生理参数。可穿戴设备能够在实时获取生命参数并传送至远端医疗监测中心的同时，使受测对象感到方便与舒适。因此，早期用于航空等特殊领域的穿戴式检测技术已向临床监护、家庭保健方面推广。

利用穿戴式多参数健康监护系统建立无线医疗网络系统，可克服传统有线检测的局限，即使用户扩大了活动范围，也能获得连续的生理参数监控和便捷的通信形式。穿戴式生理参数检测传感器节点是社区医疗和家庭保健系统的监控终端，能通过不同的网络和社会及医院监护中心的远端服务器联系起来，从而迅速传达诊断信息数据并及时报警。

Inel公司开发的Self-managing可穿戴生命信息健康监测系统属于不需要人工操作的监控系统。它可以同时监测许多人的许多参数，包括心电图、血氧饱和度、血压等，极大地提高了医生对大量患者监护的效率。当然，也可用于远程家庭监护、产房的胎儿监护、ICU危重监护等。Intel公司为了迎合更多医疗设备制造商生产的前端检测模块，为该系统提供标准的硬件和软件接口。该系统的结构包括可穿戴生命信息测试模块、低功耗数据采集处理模块和无线收发模块，多个采集模块组成了无线干线网络。

这一部分是基于国内社区和家庭服务的穿戴式监测系统项目，该项目利用ZigBee技术构建人体生理信息检测的智能躯干网，通过穿戴式生理参数无线传感器，为一些慢性病患者、高危人群以及独居老人和儿童提供实时的生命体征信号监测。该系统以CC2430为核心，由穿戴式生理参数检测传感器节点和协调器节点构成。通过针对性设计的穿戴式生理参数检测模块及其低功耗与微型化，能实现多生理信号检测、信号采集和数据无线传送。这里仅介绍可穿戴心电和血氧检测模块及节点低功耗与微型化设计。通过本例可看出，面向具体应用的物联网传感器系统方案需要进行针对性设计（本例体现在检测电路）。

（二）穿戴式生理参数的检测及要求

生理参数体现了组织和器官的工作状况，能够准确判断人体状态是否正常。心电监护是监控心脏的活动，通过持续实时观测人体心脏电活动来了解和分析病情，从而获取精确的、有参考价值的心电活动指标参数。检测心电信号一般采用多导联电极测量方法，对所测信号需要进行信号前置放大，然后经过滤波和电平偏移、放大倍数调整才能得到稳定的心电信号波形。

血氧饱和度SpO_2直接反映机体组织供氧状况的好坏，现代医疗中一般都运用透射法测试SpO_2，它的测试原理是动脉血液对光的吸收量随动脉搏动而变化的规律。血液中氧合血红蛋白和还原血红蛋白对波长为660nm的红光和905nm的红外光的吸收量不同，而且相差甚大，通过测量2种波长的光线透过手指动脉血管得到的电信号的强弱得到SpO_2。

人体通过呼吸作用，从外界吸取氧然后向外界排放二氧化碳，从而保证身体正常的新陈代谢和各个组织的功能运行。阻抗法测呼吸是现在人体呼吸监控中最常用的一种无创、简单、安全、低价的技术，具体操作是改变胸部电压，然后观察阻抗的变化，最后获取人体呼吸活动的状况。

体温测量通常是使用专门的接触式体温传感器，传感器的温度测量范围必须在20～45℃，而且测量的准确度通常必须达到0.1℃。

脉搏是人类生命的重要标志，脉搏波具有丰富的心血管循环系统的生理和病理信息。脉搏波的测量方法很多，可以通过压力传感器和光电传感器直接测量，也可以通过其他生理信号获得。直接测量除能得到脉搏率外，还能从波形中得到其他信息，但不适用于移动测量。

不同生理参数的特点和测量方法及测量部位各不相同，而且有些参量如血压、脉搏并不适合可移动的穿戴式测量方式直接测量。但要实现穿戴式监护，就必须有可穿戴式传感器来实现这些或其中部分参量的检测，并达到规定的准确性和可靠性等检测质量要求。

除满足检测质量要求外，穿戴式检测还需做到穿戴舒适、携带方便、自然美观。相对于其他便携式设备，穿戴式设备还应体积小、质量轻、功耗低。由于生理信号一般较微弱且随机性强，检测环境的背景噪声大。因此，对传感器的信号调理，除恰当选择或设计符合测量性能与工作方式要求的传感器件外，所用器件还应满足低功耗要求，传感器和数据采集电路应有足够均抗干扰能力。所以，对心电、血氧和呼吸等生理信号的穿戴式检测，需进行针对性设计，以保证采集信号的准确性，并兼顾对节点尺寸和功耗的限制要求。

除此之外，小型化和低功耗也是必不可少的设计要求，以实现可穿戴式监控设备的实用性。

（三）系统结构与方案

监控终端包括生理量传感器节点（下位机部分）和终端监控软件（上位机部分）2部分。生理量传感器节点的功能是收集被监护者的生理信号，使用ZigBee无线网络传送给监控中心。

（四）传感节点硬件的整体结构

针对可穿戴监控系统应用环境的不同，其网络配置、构建和控制将有所不同。如果是一个家庭健康监测系统，其硬件结构分为网络协调器和可穿戴生理量检测传感器节点（以下称为传感器节点）2部分。

网络协调器形成无线网络并对其进行控制。一方面，将数据信息传输到传感器节点；另一方面，保持与智能监控终端的通信。因此，该协调器对微处理器的性能和能量供应有很高的要求。

传感器节点是系统的中心。由于直接佩戴在被监控人身上，节点的大小、结构、质量和供电将直接影响被监控人员。生理参数测试部分与CC2430无线模块分开设计，并与通用接口连接，以达到抗干扰的目的。

在系统中，选用TI公司的CC2430芯片实现基于ZigBee技术的星状无线网络，提升了系统性能，实现了2.4GHz的ISM频段的低成本和低功耗的要求。

（五）电源与低功耗设计

可穿戴式无线网络中的装置使用电池供应电量，电池一个周期的平均工作时间不仅与电池在一定条件下放出的电量有关，也与装置的能量消耗和电源使用效率有关系。如果可穿戴监控设备必须由电池供电，那么除用户的控制之外，还必须从硬件和软件2方面降低能耗，增加电池的工作时间。硬件最大可能的扩展是它的集成，使用新的器件来进行节能以降低能耗；在软件方面，需要设计合理的设备工作模式和节能形势，开发相应算法使节点的运行时间和信号的发射功率自适应。

为了提高节点的耐磨性和减轻节点的重量，节点采用3.7V150mA·h聚合物锂电池供电。由于大多数生理信号是双极信号，所以为了减少误差，大多数监控和护理设备使用双电源。为了降低系统的功耗，保证CC2430和测试模块的工作电压，本例以单电源实现生理信号的提取，即使用单电源仪器放大器INA321和单电源、微功率运算放大器OPA333来获得一些生理信号。同时，为了扩展预供电接口，并考虑到一些生理信号的提取需要双极电源，设计了单双电源转换方案。它从LDO或DCDC器件获得3.3V电压，并通过负电压转换器获得相应的负电压，测得节点的工作电流小于100mA。为了保持电池的生产效率，所选调节器的输出电流为100mA。此示例选择待机模式仅为1μA、低泄漏电流的LDO转换器TPS76933和转换效率为91%的（I=40mA）负电压变换器LM3226，得到±3.3V。

终端节点功率消耗很低，替换一次电池的时间也很长，采用可充电锂离子电池时一定要配置充电管理器。本例采用电池充电管理器BQ24002，它是针对便携式设备的3.7V锂离子电池的智能线性充电管理芯片，通常用于高度集成和有限空间场合。

（六）生理参数采集模块设置

将数据采集模块直接与生理量传感器相连接，进行数据的收集和扩大、滤波、电平的转变和一些信号预处理的工作。

1．心电检测

（1）信号特点与测量技术要求。

心电信号：由心脏里面发出的极其规律和谐的电刺激脉冲，它促使心房、心室的肌肉细胞兴奋，从而有节奏地舒展和紧缩，使身体表面的不同地方形成了不一样的电位差。一般情况下，在身体表面测试到的电位差就是心电信号。

规范的心电图和主要参数：将测量电极放置在身体表面的某个位置，所显示的心电改变的曲线为临床常规心电图（electrocardiogram，ECG）。心电图体现着心脏兴奋的出现、传递和恢复过程中的生物电变化。身体健康的人通常情况下的心率为60～100次/min，心电图的频率为0.05～100Hz，幅度为0.05～5mV。各导联显示出的心电图波形虽然不一样，但都包括一个P波、一个QRS波和一个T波，典型心电图波形如图7-6所示，其中各波的时空特征及表征信息参见相关文献。

心电信号的特点：经过人身体表面电位获取的心电信号是强噪声情况下的生物电信号，其信号十分弱小，范围在0.05～5mV，典型值为1mV。测试这种信号时，必须要扩大信号，并且滤除信号中特定波段的频率；信号频率在0.05～100Hz之间，能量主要汇集在0.5～20Hz；信号不稳定，人体容易受外界的影响，人体内部各个器官之间也会相互联系和影响，也就是说无论是外部还是内部的刺激，都会让心电信号发生改变；人体的不均匀性以及易受外来信号影响，使心电信号易受外界影响，有随机性。

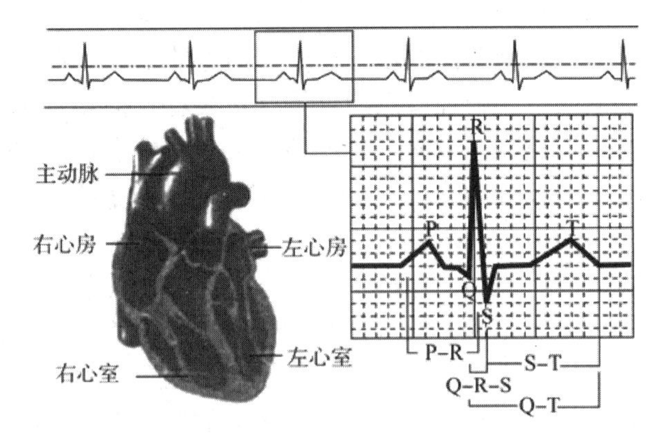

图7-6　心电图波形特征

信号受到的干扰：心电信号检测中的干扰主要来自生理上和技术上。来自生理的干扰为呼吸引起的基线漂移与信号幅度改变（可达ECG信号幅度的15%）和肌肉收缩产生的微伏级电压信号（该信号幅值约为ECG峰-峰值的10%）。来自技术的干扰有50Hz交流电对测量系统的干扰（最大可达ECG幅度峰-峰值的50%）；当电极和皮肤接触时或被测对象和测量系统发生分离导致的电极接触噪声（瞬态干扰电极与皮肤间的阻抗随电极移动发生改变形成的信号源阻抗变化，环境中的电子设备高频扶辐射，此噪声能完全淹没信号。）

心电采集电路的要求：人体心电信号微弱、低频等特点决定了对心电放大的要求十分苟刻，一般要求高共模抑制比，高输入阻抗，噪声小、低漂移，固定通带频率响应。为了获取准确的心电信息，以前的多参数监护心电电路十分复杂，基本由5～12导联的导联系统、前置差动放大、右腿驱动、定标、导联脱落报警、屏蔽驱动、滤波及陷波等电路组成，该方案可得到高保真的信号，但结构过于复杂、能耗较大，不适用于移动监护。

（2）穿戴式心电采集模块设计

穿戴式心电检测仅仅监控和看护病人心电的基本状况，不解析、诊疗，所以可以将传统心电模块进行裁剪。因为通常情况下只关注心电信号中R波是否保持完整，它的能量主要汇集在0.5～30Hz，所以采用截止频率为35Hz的三导联穿戴式心电模块，不仅能阻止工频干预，还能尽可能地保存心电信号的重要能量信息，减小模块的体积。

为减小心电检测模块的体积，满足穿戴要求，本例采用TI公司的单电源心电解决方案来实现穿戴式心电检测模块，既减小功耗也减小体积。

改进的三导联心电采集方案实际上是为了让监护工作更加便捷和舒适，在这个例子中，T1的功耗非常低，并且使用了单电源仪表放大器INA321。

从电极上得到的心电信号的峰值约为1mV，需要放大1000倍才能得到心电图。考虑到克服各种噪声和工频干扰的需要，采用了一种集成差分放大器方案。INA321具有精度高、稳定性好、封装小等优点，其低功耗设计解决了带宽和转换速率问题。它可以直接驱动A/D转换器，因此被选择为提取生理信号的放大器。

心电信号先经RC低通滤波除去高频分量，低通滤波器（由图7-7中的R_1、R_2、C_L和C_R组成）的截止频率为300Hz，以保证微弱的心电信号进入差分放大器之前不会被衰减。由于单电源供应电量，不同导联的心电信号有正负之分，因此要施加一个恰当的钳位电压（R_{10}和R_{10}组成），根据CC2430的ADC输入电压范围为0～3.3V，钳位电压设为中间值。

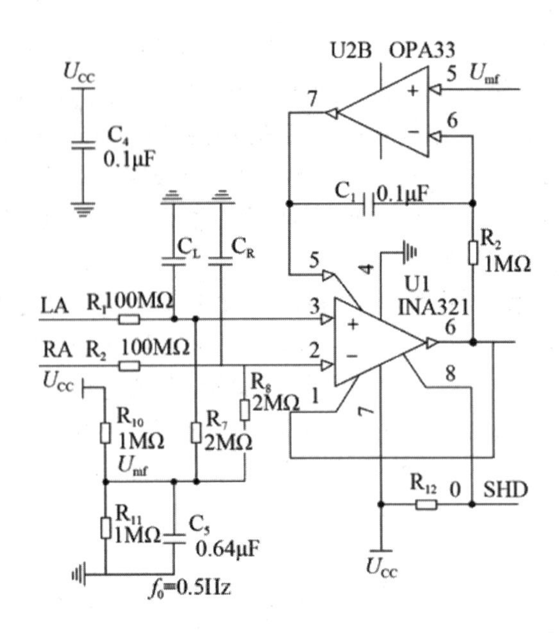

图7-7 心电前置放大电路

INA321输出信号幅值很小，还会受到扰乱，不能正常对数据信息进行处置，所以需要如图7-8所示的有源低通滤波器实现二级放大和滤波。图7-8中U2A、R_6和C_2组成截止频率为150Hz的低通滤波器，增益为100。图7-9所示为滤波后的心电信号测试结果。

2．SpO_2检测

（1）检测原理。血液中全部血红蛋白中含有多少被氧结合的血红蛋白为血氧浓度，用SpO_2表示。表达式为：

$$SpO_2=[HbO_2/(HbO_2+Hb)]\times 100\% \tag{7-5}$$

式中，HbO_2——血红蛋白被氧合的含量；Hb——血红蛋白被还原的含量。Hb和HbO_2的吸收光谱特性差异是计算血氧饱和度过程中仅需考虑的。

无创和有创是检测SpO_2的2种方法。以Lambert-Beer定律为理论基础的无创SpO_2检测的实现是通过近红外吸光光度法测定原理的应用。Lambert-Beer定律主要是表述了溶液诸参数与单色光透过某物质均匀溶液后的透射光强的关系。透射光强度如果用I_0表示，则透射光强度I可以表示为：

$$I=I_0e^{-\alpha cl} \tag{7-6}$$

式中：c——溶液的浓度；l——光透过溶液所经路径长度；α——物质吸光系数。

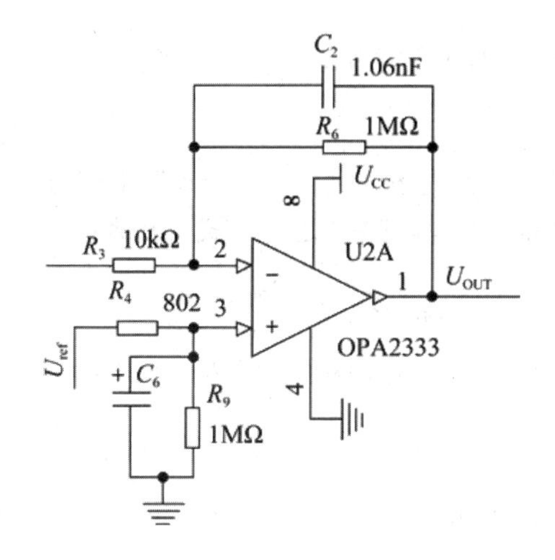

图7-8　二级放大、滤波电路

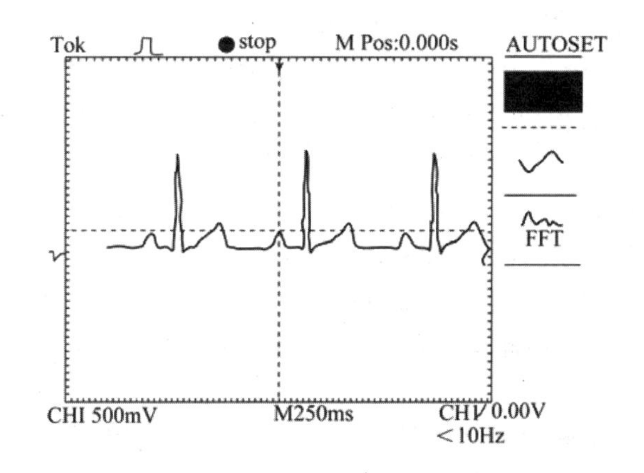

图7-9　心电信号测试结果

随着动脉波动而变化的动脉血液对光的吸收率这一特点是无创SpO_2检测法的基本理论基础。人体的血液不只含有一种溶液，而且不同的成分对光的吸收率有差异，测试部位血液流量受人体动脉搏动的影响，进而影响光吸收量的变化（AC）；肌肉、皮肤、骨骼等非血液组织的光吸收量可认为是一直不变的（DC）。按Lambert-Beer定律，不计入因为反射、散射以及其他因素而造成的衰减，设垂直照射人体的单色光波长为λ、光强为I_0，则可以得出通过人体的透射光强度为：

$$I = I_0 e^{-\alpha_0 c_0 1} e^{-\alpha_0 c_0 1} e^{-\alpha_{HbO_2} c_{HbO_2} 1} e^{-\alpha_{Hb} c_{Hb} 1} \qquad (7\text{-}7)$$

式中：α_0——组织内的非脉动成分、c_0——静脉血的总吸光系数、l——光路径长度；I_{DC}为经过这部分吸收后得到的透射光强，α_{HbO_2}——动脉血液中HbO_2的吸光系数、c_{HbO_2}——动脉血液中HbO_2的浓度，α_{Hb}——动脉血液中Hb的吸光系数、c_{Hb}——动脉血液中Hb的浓度。

若把动脉搏动血管舒张作为条件时，可假定动脉血液光路长度由l增加到Δl，然后对应的透射光强由I_{DC}变化为I_{DC}-I_{AC}，这时上式可变为：

$$I_{DC}-I_{AC}=I_{DC}e^{-(\alpha_{HbO_2}c_{HbO_2}-\alpha_{Hb}c_{Hb})\Delta l} \quad (7\text{-}8)$$

考虑透射光中交流成分占直流量的百分比为远小于1的数值，可近似变成

$$I_{AC}/I_{DC}=-(\alpha_{HbO_2}c_{HbO_2}+\alpha_{Hb}c_{Hb})\Delta l \quad (7\text{-}9)$$

光路径长度的变化是不知道的，所以入射光通常采用2束不同波长的光，于是可以分别得到2种波长下的I_{AC}/I_{DC}，通过标定，从而按式（7-5）求得SpO_2。

有创检测是用血气分析仪抽取动脉血液进行电化学分析，先测量得到动脉氧分压，然后计算出SpO_2。该方法不能连续检测，只在特定情况下使用。

（2）电路设计。信号预处理、光源驱动、DC校正及接口、LED亮度增益控制是SpO_2检测的几个主要模块。其中，血氧探头的内部由CC2430通过算法实现LED光源的选通与亮度增益控制，它主要负责获取血氧信号。放大增益控制和血氧信号检出的部分为信号预处理部分，光电探测器将透过机体组织的光信号转化为电信号；接口部分实现了血氧模块与CC2430模块的信号相连接。

光源驱动电路：可以用直流或脉冲驱动光源。直流驱动方式易受工频干扰和背景光的影响，因为它要求检测电路有对应2个光源的2个光敏元件，还有2路性能匹配的处理电路。

提高发光二极管的瞬时光强，降低它的功率消耗可以采用脉冲信号驱动，让两路光源交替发光，这样二极管就可以处于瞬时发光状态，共用一个光敏元件接收。本例采用的就是这种方法。

血氧探头具有亮度增益控制和LED驱动，2个平行的LED，一个是660nm，另一个是895nm。为了实现血氧信号的光调制处理，LED驱动采用时分复用控制，还必须优化LED的开关控制，以降低系统功耗，延长光源的寿命。

此示例使用与Nellcor DS-100A接口兼容的血氧探头。

信号调节电路：经过人体组织的混合光信号被光电二极管转换成电流信号。它包含红光、红外光和暗电流信号，信号很弱，因此必须转换成电压信号，并保持电压与电流和低噪声之间的线性关系。当电流信号被I/U转换后，它会被放大2倍。

为了放大光电二极管的微弱输出，选用了低漂移互阻放大器OPA381。为使OPA381在单电源下更好地实现跨阻放大，其输入正端加正偏压（约为0.3V）。跨阻放大器的输出是混合信号，需分离出有用交流信号用于后续SpO_2的计算。因此，用于血氧定标的直流分量是用数字IIR滤波器从采样信号中提取的，它以由DACO_B输

出作为OPA333（其中OPA333放大的信号仅含血氧信号的交流分量）的输入偏移量的直流分量。为了使输出信号控制在ADC的工作幅度内，可动态调整输入OPA333的偏移DC。

亮度增益控制及DC校正：两路LED的光强控制及交流分量提取都用到DAC。本例用低功耗、四通道电压输出的DAC7573产生3路模拟输出。

3．呼吸检测

（1）呼吸信号检测原理。呼吸信号的频率范围由临床实验可知为0.1～10Hz。压力传感器测量方式、温度传感器测量方式、阻抗法测量方式、体积描记法方式是常用的呼吸信号检测方式，本例选用目前呼吸监测中最为常用的阻抗法测量，适合穿戴式检测。

（2）阻抗法检测呼吸。人体呼吸时随着胸壁肌肉张弛，胸廓交替形变，机体组织的电阻抗将产生交替变化。通过大量的实验证明，肺容积与呼吸阻抗存在一定的正比关系，肺容积越大呼吸阻抗越大。阻抗法测呼吸频率有两电极法和四电极法。两电极法中电极既用来检测胸部阻抗变化，又作为电流激励源。在四电极法中，2个电极检测胸部阻抗变化，另,2个电极作为电流激励源。四电极法安置电极数多，使用不便，临床呼吸监护中普遍采用两电极法，并共用测心电图的导联电极。

（3）电路设计。电路设计通常采取分开设计，因为从模块的独立性去考虑，呼吸与心电模块的电源系统不同，他们之间无共用电极，此法能减少彼此耦合。呼吸检测模块用双电源供电的阻抗法，其原理框图如图7-10所示。图中LL和RA分别代表左腹部电极和右上胸电极。由CC2430集成的Timer产生2路相差半个周期的62.5kHz高频激励信号通过LL和RA加在人体上，注入安全电流。2电极之间电信号调制在高频激励脉冲上，这是由呼吸产生的阻抗变化所引起的。呼吸信号可由该调制信号经过后续解调、滤波和放大后得到，最后采样由CC2430内置ADC模块进行。

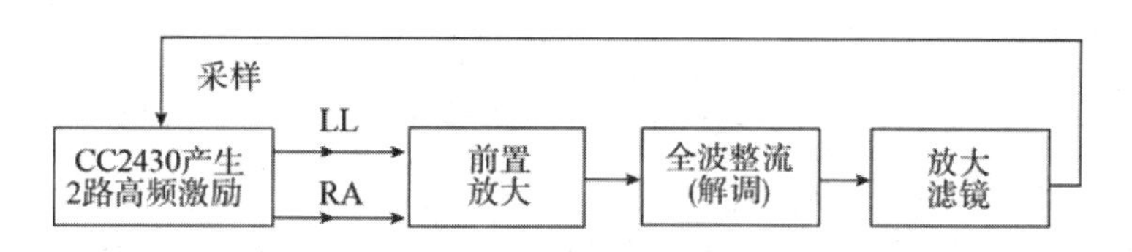

图7-10　呼吸检测模块原理框图

前置放大电路：从电极LL和RA上提取的高频脉冲信号上的呼吸信号非常微小，需要在解调和滤波前放大。如图7-11所示，本前置放大电路选用了仪表放大器AD620。

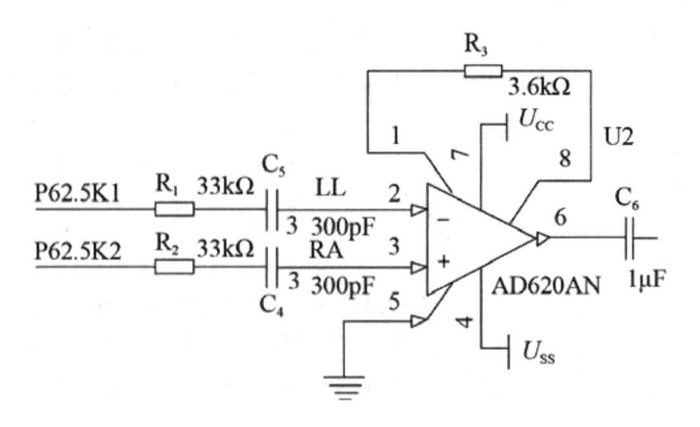

图7-11　前置放大电路

解调电路：为获得人体呼吸阻抗信息，要将经过前置放大的调制信号解调，本例的解调采用二极管检波电路。图7-12所示是所用的半波整流和加法电路构成的全波整流电路。

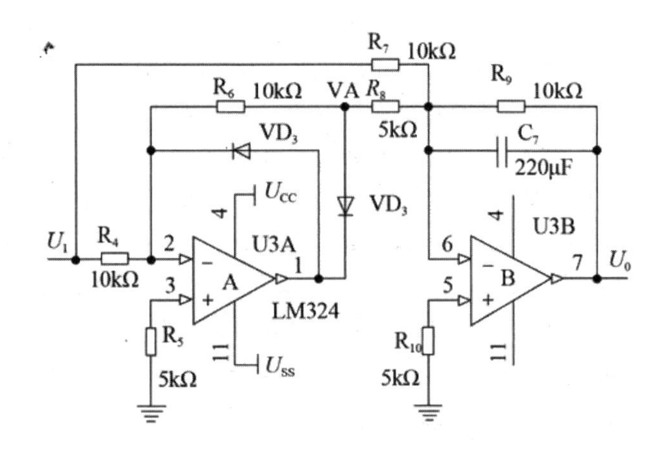

图7-12　全波整流电路

滤波放大电路：含人体呼吸阻抗信息的信号解调后还含大量直流分量和高频噪声，需在高通和低通滤波处理。解调后的信号为毫安级，要进一步放大，电路如图7-13所示。

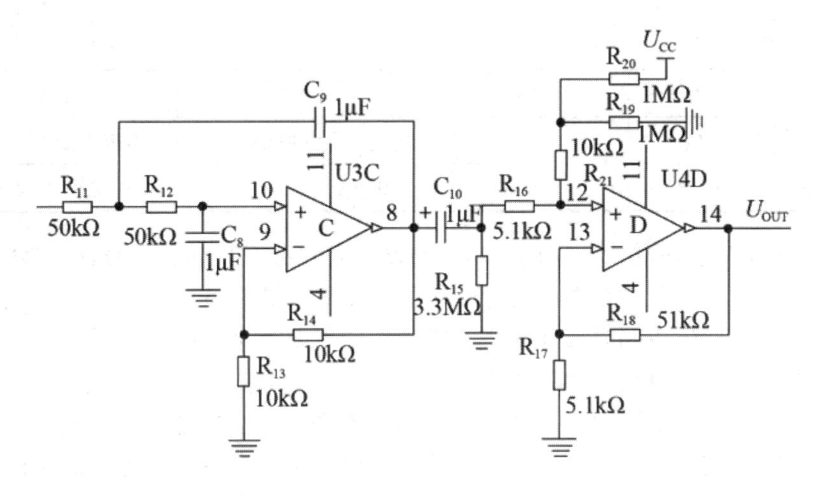

图7-13　滤波放大电路

（七）节点微型化与低功耗设计

穿戴式医疗监护设备的基本要求是安全性、低功耗和微型化。穿戴式检测模块的微型化设计的中心思想是采用低功耗器件、硬件时分复用技术和硬件软件化。

1. 低功耗设计

便携式设备研究设计的主要目标是减少不必要的能源损失，并且最大限度地降低系统功耗，这样可以延长电池使用时间。系统的低功耗需要硬件设计与软件控制配合和协调，从宏观整体的角度去考虑。

为了减小系统开销，提高系统性能，通常传感器节点由电池供电，这样一来就减少了功耗，不仅缩短用户更换电池的周期，还能延长电池寿命。所以，功耗是我们研究穿戴式产品设计时的一个重要指标。本例从硬件、软件和电源管理策略等方面进行了低功耗的设计。

（1）硬件低功耗设计。降低系统功耗可采用外围器件和低功耗处理器，本例选择微处理器时主要考虑多功能与低功耗。为了防止高压击穿，在能正常驱动后级的情况下，我们通常将悬空引脚接电源或地，还会选择较大阻值的上/下拉电阻。此外，外设中接口控制器功耗较大，易被忽略，对此选择有低功耗模式和软关断功能的CMOS器件。表7-2所示为本例的主要芯片功耗参数。

表7-2　本例中的主要芯片典型功耗参数

芯片类别	供电电压	工作频率	电流值	描述
CC2430	3.3V	32MHz	Tx：27mA；Rx：25mA	掉电模式0.09μA
INA321	3.3V	-	静态电流40Ma/通道	掉电模式<1μA
OPA333	3.3V		静态电流17μA	供电电压低至1.8V

续表

芯片类别	供电电压	工作频率	电流值	描述
OPA381	3.3V		静态电流800μA	供电电压低至2.7V
DAC7573	3.3V		600μA（5V）	掉电模式<200μA

（2）软件低功耗设计。软件低功耗的设计通常考虑3方面的因素：编译器、操作系统和应用程序。上层软件的运行和通用I/O、CPU内核、各类总线、无线网络、存储器等硬件部件的驱动是操作系统消耗功率的主要几个方面；应用程序运行和各应用软件的运行是应用软件功耗的主要形式。

（3）系统动态电源管理。根据电池当前状态做出减少电池用量的决策或者负载分布，在保障系统性能的前提下，使电池的当前可用电量与程序运行情况相适应，这样可以延长电池的使用时间。

动态功耗的管理是实现处理器低功耗的方法。通过控制系统或单元在不工作时进入睡眠状态使处理器功耗降到最低。根据系统运行情况决定具何时进入低功耗睡眠状态是动态功耗管理的核心，但弥补状态切换所需的额外时间和能耗只有进入睡眠的时间足够长时才能做到。

电路功耗测试结果在3个工作状态下的节点电流消耗如下。发射时，理论值为27mA，实际测量值为32.7～37.8mA；接收时理论值为25mA，实际测量值为30.2～32.0mA；在等待网络时，实际测量值为50.8mA。在不同的模块中，SpO_2检测模块消耗最大功率，总电流为53.3mA。总节点电流小于100mA，满足设计要求。

2．微型化设计

微型化是消费电子产品的设计驱动力。可穿戴产品要解决的重要问题是微型化设计，只有更薄、更轻、更小的监控终端设计，才能满足被监护者的要求。本例主要从以下3点进行细化。

（1）硬件软件化。在不影响信号特征检测效果的前提下，最大化精简模拟电路、软件取代硬件，将效应不明显的模拟滤波改为数字滤波，从而减少数字硬件，降低功耗。

（2）元器件微型化。正在发展的微小封装电子器件使产品微型化成为可能。采用数字接口通信，是通过测量电路与寄存器配置芯片、通道、选择量程等实现传感融合，实现微型化和低功耗的效果。本例中选择了一体化器件，其中CC2430集处理器内核与RF射频于一体。

（3）接口微型化。本例的子母板之间、传感器与数据采集模块之间以及扩展接口采用的都是通用接口，CC2430模块与生理参数检测模块的设计都是采用子母板方式。通过大量采用FFC（柔性扁平线）以及FFC连接器，减小接口器件尺寸。

在这个例子中，CC2430模块的大小是37.8mm×34.2mm。如果天线和周边按钮和LED指示被移除，则可以进一步减少PCB区域。同时，在这个例子中描述的生理参数检测模块，与没有小型化设计的SpO_2模块和ECG模块相较，尺寸显著减小，其中ECG模块从30.5mm×62.3mm减小到21.6mm×19.4mm；SpO_2模块从96.8mm×70.1mm减至23.5 mm×24.0mm。

第八章　多传感器在移动机器人中的应用

第一节　概述

移动机器人通常采用的传感器包括里程计、光电码盘、罗盘、CCD视觉传感器、超声传感器、激光传感器、红外接近觉传感器、雷达、红外摄像机和GPS定位系统等。这些传感器各有优缺点。里程计价格实惠，操作简易，还可测得距离信息，并且得到的测量信息易于理解；但其性能不稳，易受到入射角、被测表面材质及环境的影响，而且角度分辨率精度不高，扫描率也很低。当超声波经过多次反射和折射后，就会引起测量中的幻影数据。激光传感器可测得距离信息，角度分辨率高、扫描率高，但价格昂贵，对透明体测量失效。CCD视觉传感器获得的信息量丰富，但视觉信息处理复杂，难以快速理解，

传感器通常联合使用，这是因为如果只使用一个传感器获得的信息非常少，获得的环境特征信息非常片面，而且使用单一传感器会有很多不确定性，有时还会报错，信息采集不完善，受到自身品质性能的影响较大。随着多传感器系统功能的全面和增加，对信息处理也提出了新的要求，大大增加的采集信息在空间、时间、可信度、表达方式上不尽相同，用途上也会不同，有不同的侧重方向。

多传感器信息融合是一种信息处理方法，是在一个系统中针对多个或多类传感器问题而展开的。多传感器信息融合实际上是对人脑综合处理复杂问题的一种功能模拟，就像人的大脑一样，多传感器信息融合和综合处理信息的过程中，通过充分地利用多个传感器资源对各种传感器及其观测信息进行合理支配与使用，依据各种优化准则将各种传感器在空间和时间上的互补与冗余信息组合起来，这样就能对观测环境产生一致性解释和描述。各种传感器提供的信息在多传感器系统中具有不同的特征：实时的或者非实时的，时变的或者非时变的，模糊的或者确定的，快变的或者缓变的，精确的或者不完整的，可靠的或者非可靠的，相互支持的或互补的，相互矛盾或冲突的。信息融合其实是为了提高整个传感器系统的有效性，利用多个

传感器共同或联合操作的优势来实现对信息的优化组合从而导出更多的有效信息。传感器之间的互补扩展了单个的性能，传感器之间的冗余数据增强了系统的可靠性。

环境的多种特征，包括间接的、局部的环境信息是通过不同的传感器获得的，然后利用传感器感知外部环境，通过识别分析系统做出正确的决策，这样移动机器人就能在部分未知或完全未知的环境中独立自主地完成分配的任务。多传感器信息融合技术就是智能系统得以高效运行的软件，因为反映智能机器人智能水平的就是看它的多传感器信息融合系统是否高效、是否具有很强的适应能力。

多传感器信息融合在移动机器人领域的应用中主要涉及以下5个方面。

（1）环境建模

机器人应能利用传感器获得的外部信息建立环境模型，这样可以提高机器人自主感知环境的能力。

（2）同时定位与地图构建

定位概念：在二维环境中确定移动机器人相对于全局坐标的姿态和位置，是移动机器人路径规划、导航和避障的基础。同时，定位与地图构建（SLAM）是实现移动机器人自主性的一个重要问题，是近年来机器人领域的研究热点之一。它是机器人通过识别未知环境来创建地图，并使用地图来定位的一种方法。

（3）目标识别与避障

机器人要顺利地完成作业和避障，就要进行目标识别和障碍物检测。

（4）路径规划

根据环境模型进行全局或局部路径规划。

（5）导航与运动控制

移动机器人的关键技术之一就是导航。将里程计的测量信息与其他传感器的测量信息相融合，以减少里程计的累积误差，提高导航精度，是在移动机器人的导航中常用的方法。

第二节　多传感器数据融合在移动机器人导航中的应用

一、导航系统中采用的传感器

对于自主移动机器人来说，工作方法就是将环境中的一些非电能信号转化为电能信号，通过各种传感器，处理这些电能信号，并通过决策层做出路径规划。里程计传感器、超声波传感器以及激光传感器是本例中自主机器人搭载的3种传感器。

（一）里程计传感器

本例中采用的里程计传感器优点是每个脉冲输出信号都有一个与之对应的增量

位移，缺点是这个增量的位置无法识别。这种增量式光电编码器能够产生与它的位移增量等价的一组脉冲信号，但是轴的绝对位置信息不能够直接检测出，获取相对于某个基准点的相对位置增量只能通过提供一种对连续位移量离散化或位移变化（速度）以及增量化的传感方法来实现。光源、码盘、检测光栅、光电检测器件和转换电路是增量式光电编码器的几个组成部分。

（二）激光传感器

为了得到周围环境的精确信息，通常在机器人技术领域中，主要是通过精确地感知机器人周围环境的方法，这还能让机器人避开障碍物，如确定机器人所处的位置就可通过描绘出周围环境的平面电子地图来实现。这类应用解决了超声波和红外测距传感器都不能实现的难题，但有时测量的精度会严重受到多次反射的影响，还有就是对于较大的环境机器人无法探测到四周，这是现在超声波传感器应用中存在的2点问题。

URG-04LX型激光测距传感器的测距的角分辨率为0.36°，扫描频率为10Hz。测距范围为20mm～5m。周围240°的环境它都可以通过激光束扫描而得到，精确的测距点云也能够得到。扫描数据可用极坐标表示为：

$$u_n=(d_n,\ \rho_n)^T,\ n=1,\ \cdots,\ \mathrm{N} \tag{8-1}$$

直角坐标表示为：

$$u_n=(x_n,\ \rho_n)^T,\ n=1,\ \cdots,\ \mathrm{N} \tag{8-2}$$

式中：$x_n=d_n\cos\Phi_n$：$y_n=d_n\sin\Phi_n$，n——扫描数据点的个数。

（三）超声波传感器

超声波传感器是基于TOF的，即脉冲飞行时间法的距离测量方法。该模型的简化形式是在一个固定的波带开放角方位之内，传感器到某一物体的最短距离。传感器的安装位置和机器人所在的环境影响其读数的变化。影响传感器工作性能的因素有传感器本身的技术指标、机器人自身的干扰和环境中的传播介质。当前环境中的介质、温度和湿度也会影响超声波传感器超声波的传播速度，在空气中传播的速度c为：

$$c=c_0\sqrt{1+\frac{T}{273}} \tag{8-3}$$

式中：c的单位为m/s，c_0=331.4m/s，T——绝对温度。

超声波传感器由发射装置发射一组超声波，由接收装置获取反射回来的超声波，超声波传感器与反射物之间的距离可以通过超声波在介质中的传播速度和发射接收间的时间间隔计算得到：

$$d=s/2=ct/2 \tag{8-4}$$

式中：s——超声波的来回路程；c——声速；d——被测物与测距器的距离；超声波来回所用的时间用t来表示。

Polaroid6500超声波传感器是由SensComp公司生产的。它的主要功能是检测周围环境的状况，测量距离。该传感器为集成化设计，I/O板的接口简单，具有操作简易、性能稳定等优点，而且不锈钢的保护罩结构还可以用于室内或者非恶劣的室外环境。Polaroid6500的具体参数为：探测范围为15cm～10.7m，+5V供电，输出TTL电平，收发频率为49.4kHz。

二、移动机器人导航系统设计及应用

对于应用于公共场所或者家庭的服务机器人来说，设计过程中应将它们特殊的环境因素考虑进去，因为这些机器人的工作环境充斥着大量的、动态的、不确定的环境因素，它们需要根据环境的变化去随机应变，完成其相应的设定任务。这时就要处理好导航系统和规划模块的设计工作，才能让机器人更好地完成不同的任务。

（一）模块化软件设计

智能移动机器人拥有很强大的功能，这是因为它除了拥有大量的电机驱动器节点外，还拥有很多传感器节点。设计过程中，任何一个环节都应做到万无一失，否则就会对整个系统的稳定性造成直接影响，如何对每个功能进行分解，如何确定正确的时间关系，以及分配空间资源等问题都会产生很大的影响。除此之外，为了保证系统能够满足技术更新、新算法验证和功能添加等要求，并能在多种行业得到应用，在设计过程中需要系统具有一定的开放性。合理的体系结构设计是机器人系统设计的关键，因为体系结构是整个机器人系统的基础，是保证整个机器人系统高效运行和高可扩展性的关键所在，决定着系统的整体功能性和稳定性。

移动机器人的高效可靠运行有以下4个必要条件。

1．可靠性。可靠性就是机器人在运行过程中能够较长时间地保持规律稳定运作，可靠性的高低决定着机器一旦发生故障时系统发现并解决故障的能力。可靠性将贯穿系统设计的全过程，提高系统的可靠性可降低在工作时电机可能出现的，如超速、堵转等一切非正常情况。

2．实时性。所谓“实时性”是指系统能在一定时间内快速处理事件，并能对电机进行控制。

3．模块化。在设计机器人控制系统的过程中应该将机器人超声波传感器设计得越小越好，越轻便越好，因为机体本身的空间是非常有限的，这样设计可以使系统模块化，各个单元之间都有明确的分工，使每个模块都保持独立性。

4．开放性。系统在设计过程中要求系统具有更高的开放性，通常要有良好的人机交互接口，这是为了方便以后对控制系统进行优化和改进，满足多模态人机交互的需求和系统多平台之间的移植。

环境建模模块、感知模块、规划模块与定位模块是设计导航系统软件结构的4个模块。

（1）感知模块。感知模块的基本功能是将各个传感器的数据进行采集并且融合，通过传感器采集板或者USB和串口，生成定位模块和环境建模模块需要的数据，然后将它们分别传递给对应的模块。

（2）环境建模模块。环境建模模块的主要功能是将感知模块传递的这些数据分别生成适合定位的特征地图和能够进行路径规划的栅格地图。

采用最小二乘法拟合直线，将得到的数据转化成机器人当前扫描到的局部特征地图，同时将全局特征地图进行栅格化和更新，使路径规划更加方便。

（3）定位模块。为了得到相对定位信息，对于典型的双轮差分驱动方式的移动机器人来说，通常采用里程计航位推算的方法对机器人的位姿进行累加。然后通过对路标的特征匹配来更正机器人的位姿。

（4）规划模块。全局路径规划子模块和局部路径规划子模块是规划模块按照功能不同划分出的2个模块。

基于栅格地图的A^*搜索算法是全局路径规划模块采用的搜索方法，这样就可以得到一条从起始点到目标点的最优路径。得到最优路径后，就会使机器人的全局路径规划变得简单。因此，为了提高算法的效率，我们可以在全局地图范围已知的情况下通过增加栅格粒度的大小来降低栅格的数量，这样就能使A^*算法的搜索时间得到降低，进而提高算法效率，在全局路径规划中考虑到机器人的运动轨迹以及动态避障情况，有时我们会将栅格设为10cm或者更小。为了降低算法的规划时间和地图的存储空间，我们通常还会将机器人的运动轨迹以及动态避障问题放在局部路径规划中处理，这样栅格的大小就将设为50cm。

基于改进人工势场法的路径规划方法是局部路径规划模块的常用设计算法，这种算法在动态环境的路径规划中很适用，因为它具有很好的实时性。但是，因为缺少全局信息的宏观指导，利用这种算法有时容易产生局部最小点。通过全局路径规划模块中A^*算法规划出一条子目标节点序列，并将这条子目标节点序列作为局部路径规划的全局指导信息，来引导局部路径模块进行运动控制。这样就能避免人工势场法在路径规划中存在的缺陷，并且最终实现了在全局意义上最优的路径规划。

（二）移动机器人导航系统在实际中的应用

根据上述导航系统设计的基础，开发了一种移动机器人，它具有多目标点路径规划功能。

它的实现流程如下：先为每个模块分配内存空间，对导航系统进行初始化；然后将一组目标点的信息以及地图、起点一起导入系统中；第一个目标点是从目标点数组中取出的，按照上述导航系统控制机器人运动；当到达目标的时候，机器人通过判断当前目标点是否为最后一个目标点来判断是否结束导航任务，如果是最后一个目标点则结束导航任务，如果不是最后一个目标点，重复上述的过程。

第三节　多传感器数据融合在移动机器人测距中的应用

一、系统中采用的多传感器

本节利用美国Mobile Robots公司生产的Pioneer3-DX型移动机器人的超声波传感器与视觉传感器，对Pioneer3-DX型移动机器人进行多传感器融合的障碍物测距实验研究。

（一）超声波传感器

该移动机器人前后各有一个声呐环，每个声呐环含有8个换能器，声呐环中换能器的分布方式为两侧各一个，它的工作频率是25Hz，探测范围为15cm～5m，另外6个以20°间隔分布在前后侧边。物体检测、距离检测、自动避障、定位以及导航等是该移动机器人超声传感器的功能。

（二）视觉传感器

该移动机器人的视觉传感器为CannonVC-C50i摄像头，该摄像头可以清晰准确地拍摄远距离的景物，因为它有3种强大的功能：Pa——移动镜头、Tilt——倾斜角度及Zoom——变焦。具有PTZ摄像系统的摄像头最大显示分辨率可达640×480，倾斜范围为-30°～90°，信噪比大于48dB，26倍光学变焦。在光线为0的情况下使用夜摄模式，可以通过红外线拍摄到黑白影像。拍到的图像数据通过无线收发装置发送到用户计算机上，也可以将图像数据传送到车载计算机中，对图像信息进行处理。

二、摄像机模型的建立

线性模型、非线性模型是摄像机的2种成像模型。小孔成像模型其实就是线性模型的建立准则，小孔成像模型的路径就是摄像机的光轴，透过摄像机光轴中心点将目标物体映射到成像平面上。

为了描述目标物体上的点与其像点的关系，我们通常要建立摄像机坐标系。在进行摄像机标定时，通常要建立摄像机坐标系、图像坐标系和世界坐标等3个坐标系。

3种坐标系之间的转换可以通过数学表达式来实现。在转换过程中需要引入的参数就是摄像机的内外参数。

确定目标点与图像点在各个坐标系中的关系是表述摄像机成像过程的关键：

数字图像通常是通过摄像机拍摄到的目标图像经过数模转换得来的。存储方式就是计算机以一个M×N的矩阵将这些数字图像进行存储。如图8-1所示，图像上某点的像素坐标可表示成（u，v），列数用v表示，行数用u表示。有时需将像素坐标转换为距离坐标，因为要恢复图像在三维空间中的信息，所以表示该点位置必须使用实际距离单位。如图8-1所示，图像坐标系为xO_1y。

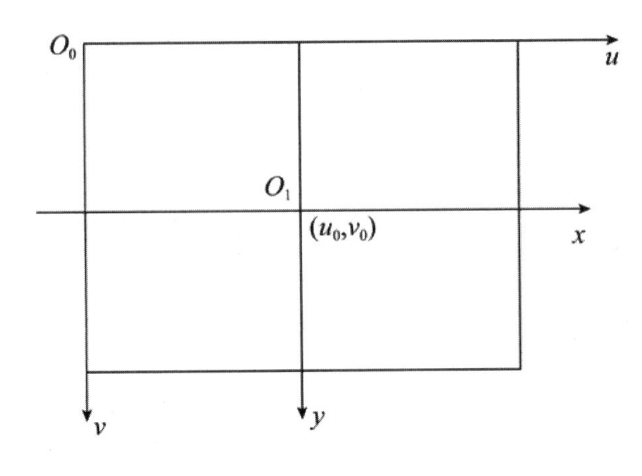

图8-1 图像坐标系

在xO_1y坐标系中，摄像机光心与图像平面的交点通常被定义为原点O_1，图像中心处就是该点。设在x轴方向上每个像素点的长度用dx表示，y轴方向上每个像素点的长度用dy表示，原点O_1的像素坐标为（u_0，v_0）。目标物体上某点的像素坐标可表示为：

$$u=x/dx+u_0 \tag{8-5}$$

$$v=y/dy+v_0 \tag{8-6}$$

令$k_x=1/dx$，$k_y=1/dy$，称k_x、k_y分别为沿x、y轴的尺度因子。

为了简化计算通常用齐次坐标与矩阵形式将式（8-5）、式（8-6）表示为：

$$\begin{bmatrix} u \\ v \\ 1 \end{bmatrix} = \begin{bmatrix} 1/\mathrm{d}x & 0 & u_0 \\ 0 & 1/\mathrm{d}y & v_0 \\ 0 & 0 & 1 \end{bmatrix} \begin{bmatrix} x \\ y \\ 1 \end{bmatrix} \tag{8-7}$$

图8-2所示为摄像机成像模型的几何关系，其中摄像机光心为O点，X_c轴与图像的x轴平行，Y_c轴与图像的y轴平行，摄像机的光轴为Z_c轴，图像平面与光轴是垂直的。设图像平面与光轴的交点为图像坐标系的原点，摄像机坐标系是由X_c、Y_c、Z_c轴和O点组成的直角坐标系。摄像机的焦距为OO_1。

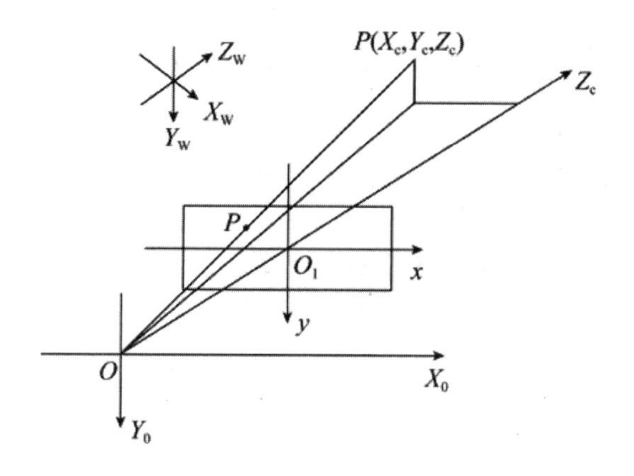

图8-2　摄像机成像模型的几何关系

世界坐标系可以表示三维空间中物体相对于摄像机坐标系的位置，我们可以把摄像机放在任何位置。它由X_W、Y_W、Z_W轴组成。世界坐标系和摄像机坐标系之间的关系可以用公式（8-8）表示，其中平移向量用t表示，R代表旋转矩阵。

$$\begin{bmatrix} X_c \\ Y_c \\ Z_c \\ 1 \end{bmatrix} = \begin{bmatrix} R & t \\ O^T & 1 \end{bmatrix} \begin{bmatrix} X_w \\ Y_w \\ Z_w \\ 1 \end{bmatrix} = M_1 \begin{bmatrix} X_w \\ Y_w \\ Z_w \\ 1 \end{bmatrix} \tag{8-8}$$

式中：R为3×3正交单位矩阵；t为三维平移向量；O=（0，0，0）^{T}；M_1为4×4矩阵。

小孔成像模型可描述空间任意一点P的成像模型，点P在图像上的投影位置是光心O与P点的连线OP与图像平面的交点。这种关系也称为透视投影。由比例关系有如下关系式：

$$x=fX_c/Z \tag{8-9}$$

$$y=fY_c/Z \tag{8-10}$$

式中：（x、y）为P点的图像坐标；（X_c，Y_c，Z_c）为在摄像机坐标系中点P的坐标。上述透视投影关系可用齐次坐标与矩阵表示为：

$$Z_C \begin{bmatrix} x \\ y \\ 1 \end{bmatrix} = \begin{bmatrix} f & 0 & 0 & 0 \\ 0 & f & 0 & 0 \\ 0 & 0 & 1 & 0 \end{bmatrix} \begin{bmatrix} X_c \\ Y_c \\ Z_c \\ 1 \end{bmatrix} \tag{8-11}$$

世界坐标系中P点坐标与其投影点的关系可由式（8-11）代入上式（8-8）得到：

$$Z_C\begin{bmatrix}x\\y\\1\end{bmatrix}=\begin{bmatrix}1/\mathrm{d}x & 0 & u_0\\0 & 1/\mathrm{d}x & v_0\\0 & 0 & 1\end{bmatrix}\begin{bmatrix}f & 0 & 0 & 0\\0 & f & 0 & 0\\0 & 0 & 1 & 0\end{bmatrix}\begin{bmatrix}R & t\\O^T & 1\end{bmatrix}\begin{bmatrix}X_w\\Y_w\\Z_w\\1\end{bmatrix} \tag{8-12}$$

式中：$f/dx=k_x$，$f/d_y=k_y$；M为3×4矩阵，称为投影矩阵；所以内参数模型可表示为：

$$M_{in}=\begin{bmatrix}k_x & 0 & u_0\\0 & k_y & v_0\\0 & 0 & 1\end{bmatrix} \tag{8-13}$$

由于k_x、k_y、u_0、v_0只由摄像机内部结构决定，我们称这些参数为摄像机内部参数。

矩阵

$$\begin{bmatrix}R & t\\O^T & 1\end{bmatrix} \tag{8-14}$$

完全由摄像机相对世界坐标系的方位决定，所以称为摄像机外部参数。摄像机标定就是确定某一摄像机的内外参数。

三、摄像机标定

（一）常见的摄像机标定方法

（1）最优化算法。最优化算法由于它的非线性特性而主要有2大优势，一是建立摄像机模型时比较简单，可以将诸多因素考虑在内；二是该算法可以完成很高的标定精度。缺点是有时会因初始值选取不当得到错误结果，另外该算法的优化时间很长，实时性很差。

（2）变换矩阵标定法，又称隐参数标定。这种方法最大的优点就是速度快，这是因为此方法直接将三维空间点与二维像点之间的对应关系用一个矩阵来表示，没有考虑中间的迭代过程。但是，有时需要利用非线性优化算法来进行修正，因为该方法没有考虑非线性畸变对标定过程的影响。但是该方法的标定精度不高，噪声的影响是一方面，另一方面是求解参数值的过程是线性求解，没有考虑中间参数的约束关系。

（3）双平面标定法。这种方法利用了障碍物在环境中前后2个表面到图像上某点之间的连线。虽然这种方法的方程较多，计算量很大，但是通过线性计算就可以得到内外参数。

（4）摄像机自标定方法。这种以相对运动为基础的方法会受到摄像机运动的影响，运动越精准，标定结果越精确。在实际应用中一旦摄像机位置和镜头焦距有变动，必须重新进行标定。

（5）基于平面模板标定。张正友提出了一种基于平面模板的、经典的摄像机标定方法，其优点是标定模板制作简单，容易实现。

（二）采用基于平面模板标定方法进行摄像机内外参数标定

在张正友的方法中，定义模板平面落在世界坐标系的Z=0平面上，那么对平面上的每一点，有

$$s\begin{bmatrix} u \\ v \\ 1 \end{bmatrix} = A\begin{bmatrix} r_1 & r_2 & r_3 & t \end{bmatrix}\begin{bmatrix} X \\ Y \\ 0 \\ 1 \end{bmatrix} = A\begin{bmatrix} r_1 & r_2 & t \end{bmatrix}\begin{bmatrix} X \\ Y \\ 1 \end{bmatrix} \tag{8-15}$$

这里令$M=\begin{bmatrix} X & Y & 1 \end{bmatrix}^T$，$m=\begin{bmatrix} u & v & 1 \end{bmatrix}^T$，则

$$Sm=HM \tag{8-16}$$

$$H=\begin{bmatrix} h_1 & h_2 & h_3 \end{bmatrix} = \lambda A\begin{bmatrix} r_1 & r_2 & t \end{bmatrix} \tag{8-17}$$

式中：s——任意比例因子；λ——任意标量；

A——摄像机内部参数矩阵，$A=\begin{bmatrix} \alpha & \gamma & u_0 \\ 0 & \beta & v_0 \\ 0 & 0 & 1 \end{bmatrix}$；

r_1、r_2——旋转矩阵的2个列向量；

t——平移矩阵。

又因为r_1和r_2是单位正交向量，所以有：

$$h_1^T A^{-T} A^{-1} h_2 = 0 \tag{8-18}$$

$$h_1^T A^{-T} A^{-1} h_1 = h_1^T A^{-T} A^{-1} h_2 \tag{8-19}$$

令：

$$B = A^{-T}A^{-1} = \begin{bmatrix} B_{11} & B_{12} & B_{13} \\ B_{21} & B_{22} & B_{23} \\ B_{31} & B_{32} & B_{33} \end{bmatrix}$$

$$= \begin{bmatrix} \frac{1}{\alpha^2} & -\frac{y}{\alpha^2\beta} & \frac{v_0 y - u_0\beta}{\alpha^2\beta} \\ -\frac{y}{\alpha^2\beta} & \frac{y^2}{\alpha^2\beta^2}+\frac{1}{\beta^2} & -\frac{y(v_0 y - u_0\beta)}{\alpha^2\beta^2}-\frac{v_0}{\beta^2} \\ \frac{v_0 y - u_0\beta}{\alpha^2\beta} & -\frac{y(v_0 y - u_0\beta)}{\alpha^2\beta^2}-\frac{v_0}{\beta^2} & \frac{(v_0 y - u_0\beta)^2}{\alpha^2\beta^2}+\frac{v_0^2}{\beta^2}+1 \end{bmatrix} \quad (8\text{-}20)$$

B是一个对称矩阵，所以它可以由一个六维向量来定义，即：

$$b=[B_{11}\ B_{12}\ B_{22}\ B_{13}\ B_{23}\ B_{33}]^T \quad (8\text{-}21)$$

令H的第i列向量为$h_i=[h_{i1}\ h_{i2}\ h_{i3}]$，则：

$$h_i^T B h_i = V_{ij}^T b = 0 \quad (8\text{-}22)$$

式中：$V_{ij}=[h_{i1}h_{j1}\ h_{i2}h_{j2}+h_{i2}h_{j1}h_{i2}h_{j2}h_{31}h_{j1}+h_{i1}h_{j3}h_{31}h_{j1}+h_{i3}h_{j3}h_{i3}h_{j3}]^T$

表示内参数的2个约束写成关于b的方程为：

$$\begin{bmatrix} V_{12}^T \\ V_{11}^T - V_{22}^T \end{bmatrix} b = 0 \quad (8\text{-}23)$$

当有n幅图像时，需要把它们的方程式叠加起来得到：

$$Vb=0 \quad (8\text{-}24)$$

如果$n \geqslant 3$，就可以得到唯一解b并求出矩阵B，即求得了摄像机内部参数矩阵和外部参数矩阵。

在线性求解得到摄像机内外参数后，评价函数可建立为：

$$C = \sum_{i=1}^{n} \sum_{j=1}^{m} \left\| m_{ij} - m(A, R_i, t_i, M_j) \right\|^2 \quad (8\text{-}25)$$

其中第i幅图坐标系的平移向量可用t_i表示，第j个点的空间坐标可用M_j表示，第i幅图坐标系的旋转矩阵可用R_i表示，第i幅图像中的第j个像点可用m_{ij}表示，这样就可以使这个评价函数的值最小，即为最优解。

（三）标定过程及结果

选择张氏标定方法标定摄像机的内外部参数，借助Matlab仿真软件对摄像机参数进行标定并计算出结果。

（1）制作实验用标定模板。制作一个8×8的黑白棋盘格，棋盘格的每个边长设定为30mm，将该棋盘格粘贴在一个表面平整的平板上，作为实验使用的标定模板。

（2）利用移动机器人的前置摄像头拍摄9幅图像，获取的图像中各个距离应该都有标定，在视场各个范围内应尽可能均匀分布，这样可以提高标定精度、减小随机误差。

（3）抽取角点的主要特征。当进行后续程序处理的时候，世界坐标系的原点可以设置为第一个点所选取的角点，那么世界坐标系就被自动建立。

（4）应用标定程序计算内参数。当基于曲率空间的角点提取算法提取成功时，默认像元两轴垂直。张氏标定利用角点之间的对应关系进行标定计算。摄像头在拍摄图像时使用640×480分辨率。被标定摄像头在x轴和y轴方向的焦距基本相等，但是图像中心点在图像坐标系中偏差较大，特别是u方向上，相差将近8个像素。摄像头的畸变参数整体较小。在精度要求不高的情况下，可予以忽略。

四、基于单目视觉的测距方法

单目视觉测量是通过一台CCD摄像机进行摄影获得障碍物图像信息，然后经过计算得到障碍物的距离信息。几何光学法、结构光法、几何形状约束法、几何相似法等是单目视觉测量的几种主要方法，简易的结构、低廉的价格以及无须立体匹配计算是单目视觉的几项优点。

（一）几何光学法

几何光学法有离焦法、聚焦法2种方法。2种方法各有优缺点，离焦法不必确定精确焦距，先确定离焦模型，再计算障碍物与摄像机之间的距离，但是利用离焦法确定离焦模型并不是很容易的。相比来说，聚焦法更为常用。采用聚焦法的时候，先调整焦距，保证障碍物在聚焦位置，由于焦距已知，再利用学过的成像模型公式能够算出障碍物和摄像机之间的垂直距离。聚焦法测量精确的焦距位置也很不容易，还有就是它的硬件复杂、计算速度慢、成本高。

（二）结构光法

结构光法主要是利用可控光源和障碍物间的几何关系，换句话说，就是不但利用了图像的信息，也利用了可控光源信息。可控光源可使用激光或者普通的白光来进行点、线、网等不同形状的呈现，光源照射物体表面能够产生光条纹，障碍物表面与摄像机之间的距离关系就可以通过检测光条纹的形状与间断性得到。

障碍物可以用一条曲线表示，表示障碍物的那条曲线通常就是光平面与障碍物表面相截时所形成的那条曲线，障碍物曲线与其成像点的对应关系可以通过小孔成像原理及传感器参数得到。所以，一旦知道图像点坐标，就可以按照规律找到障碍物曲线上与之对应的点的坐标。有2种方法可以得到三维信息。一种是面结构光测量法，简单地说，这方法是一种通过平面光去扫描障碍物，由此得到曲面的一种新型的测量方式；还有一种方法就是把线形光传感器再次利用得到多条曲线，进行整合分析，最后得到结果。

客观地说，结构光法有利有弊，优点是测量速度极快，缺点是整体测量精度对结构参数的标定有很大影响。

（三）几何形状约束法

当遇到特殊形状的障碍物时，如球、立方体、平行线等，就会用到几何形状约束。该方法的约束条件为它的几何特点，因此它仅仅通过用摄像机来拍摄一张照片，再根据障碍物特有形状就可以确定被测物体的三维信息。例如，球体在摄像机坐标系中的圆形投影通常作为球体的约束条件，然后就可以算出圆的半径、圆心坐标等信息；当对平行线进行测距时，平行线间的距离是一个重要的约束条件。此外，摄像机的俯仰角还可以通过计算平行线的斜率来得到。

（四）几何相似法

当障碍物的所有几何参数在一个平面内时，要保证平面和光轴垂直、障碍物平面和成像平行，根据相似定理和图像坐标，我们就可以求出障碍物的尺寸。

如图8-3所示，摄像机立在光轴中心处，摄像机到障碍物的方向规定为正方向，Z轴方向与光轴中心线方向平行，其X轴方向取图像坐标沿水平增加的方向，在障碍物质心处创建世界坐标系，其坐标轴与摄像机坐标系的坐标轴平行。

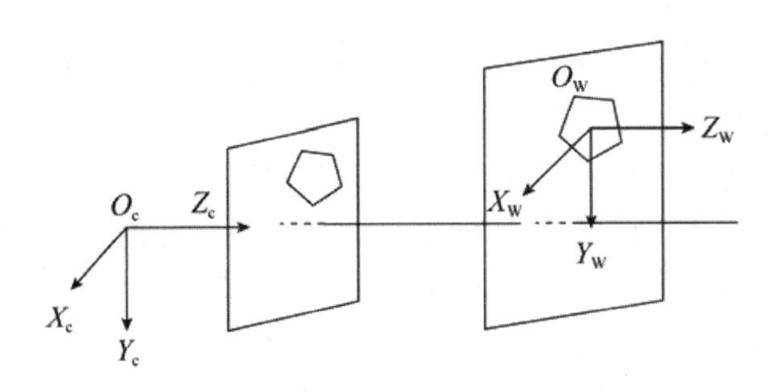

图8-3　几何相似法测置原理

由内参模型可知：

$$x_c=[(u_i-u_0)k_x]z_c=(u_{di}/k_x)z_c \tag{8-26}$$

$$y_c=[(v_i-v_0)k_y]z_c=(v_{di}/k_y)z_c \tag{8-27}$$

通常情况下，摄像机的坐标轴同世界坐标系的坐标轴是平行的，通过对外参模型的学习，我们可以知道

$$x_c=x_w+p_x$$

$$y_c=y_w+p_y$$

$$x_c=p_z \tag{8-28}$$

将障碍物沿X_w轴分成N份，保证每一份都接近矩形，如图8-4所示。

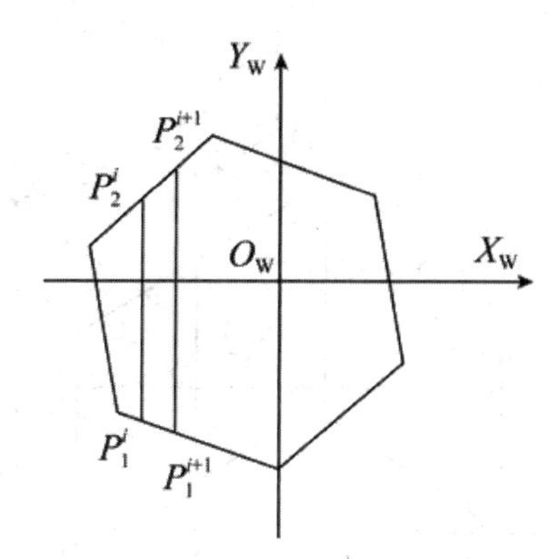

图8-4　障碍物面积计算示意图

如果第i个矩形每个顶点坐标分别为P_1^i，P_2^i，P_1^{i+1}，P_1^{i+2}，则障碍物面积为：

$$S=\sum_{i=1}^{N}(P_{2y}^{i}-P_{1y}^{i})(P_{1x}^{i-1}-P_{1x}^{i}) \tag{8-29}$$

式中：P_{1x}^i和P_{1y}^i为P_1^i在世界坐标系中X_w和Y_w的轴坐标；S是障碍物的面积。

把式（8-25）～式（8-27）代入式（8-28）得出：

$$S=\frac{\left[\sum_{i=1}^{N}(v_{\sigma2}^{i}-v_{\sigma1}^{i})(u_{\sigma1}^{i+1}-u_{\sigma1}^{i+1})\right]p_z^2}{k_xk_y}=(S_1/k_xk_y)p_z^2 \tag{8-30}$$

式中：S_1是障碍物在图像上所构成的面积。由（8-29）得到p_z的算法公式：

$$p_z=\sqrt{k_xk_y\,S/S_1} \tag{8-31}$$

通过这个公式，可以得到特征点的世界坐标值，从而消除伪障碍。

五、基于几何空间约束视觉测量方法

基于算法复杂性、测距精确性、计算实时性等因素，需要学习一种更好的方法，以保证可以对障碍物上的所有点都进行视觉测距，这就是几何约束法。

图8-5所示为中心透视投影模型以及模型的图像坐标系和世界坐标系间的有效变换关系。

在图8-5中，射线*OP*上任意点的投影都有可能成为*P*点，所以无法确定具体的点信息。由此得知，通过图像的二维坐标信息，是不能够确定图像三维坐标系的具体位置的。根据世界坐标系中的平面与摄像机的光轴之间的关系，根据立体几何知识与中心透视投影模型，世界坐标系某个面和它的像平面的关系如图8-6所示。

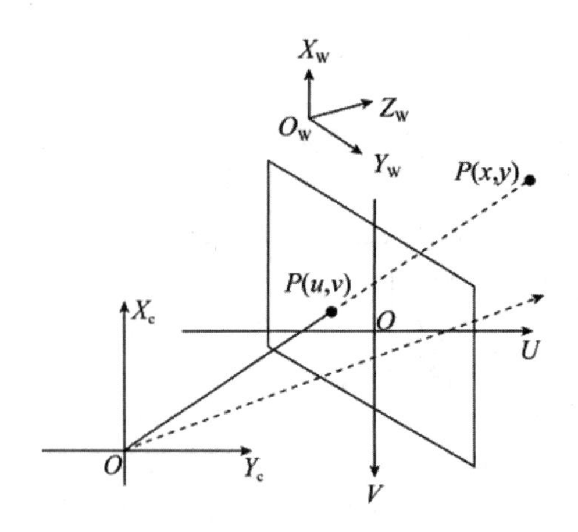

图8-5　中心透视投影模型示意图

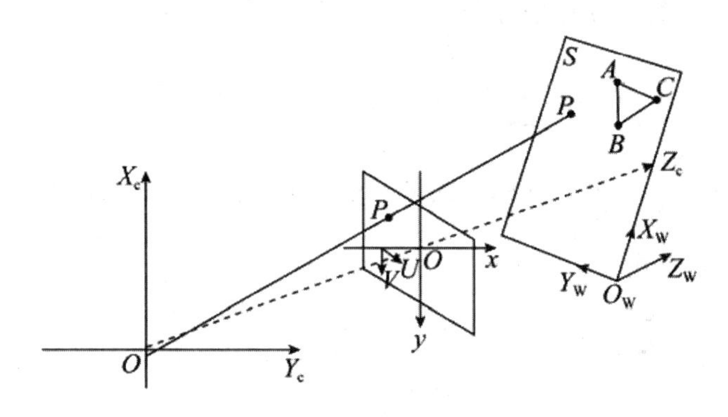

图8-6　平面测距模型示意图

对于空间任意平面S，将世界坐标系建立S面上，则S面上的点有：

$$Z_c=\begin{bmatrix}u\\v\\1\end{bmatrix}=\begin{bmatrix}k_x&0&u_0&0\\0&k_y&v_0&0\\0&0&1&0\end{bmatrix}\begin{bmatrix}R&t\\O^{\mathrm{T}}&1\end{bmatrix}\begin{bmatrix}X_w\\Y_w\\0\\1\end{bmatrix}=M_1\begin{bmatrix}r_1&r_2&r_3&T\end{bmatrix}\begin{bmatrix}X_w\\Y_w\\0\\1\end{bmatrix}=M_1\begin{bmatrix}r_1&r_2&\mathrm{t}\end{bmatrix}\begin{bmatrix}X_w\\Y_w\\1\end{bmatrix}=HP_W$$

（8-32）

已知投影矩阵为H，通过已知图像坐标系确定坐标值，通过该坐标值就可以求得所对应的世界坐标值。

在确定了障碍物的角点之后，移动机器人就能获取这些角点的信息。当知道摄像机和地面间的几何关系后，计算的过程就能够简化，从而在世界坐标系中确定地面坐标点的位置。图8-7是地面上的目标点在测距时的垂直示意图，图8-8是水平切面示意图，图8-9是成像模型的立体示意图。

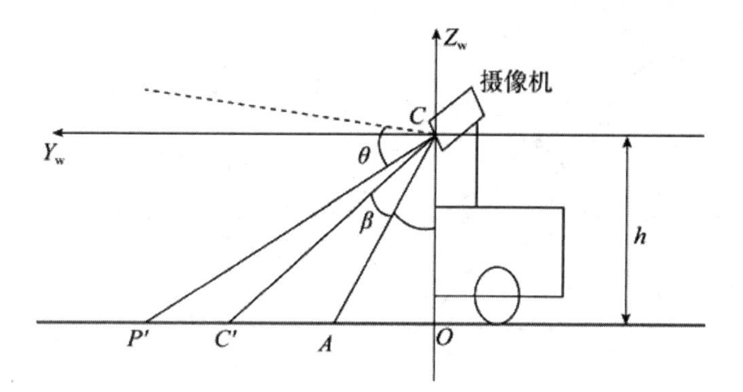

图8-7　垂直视场图

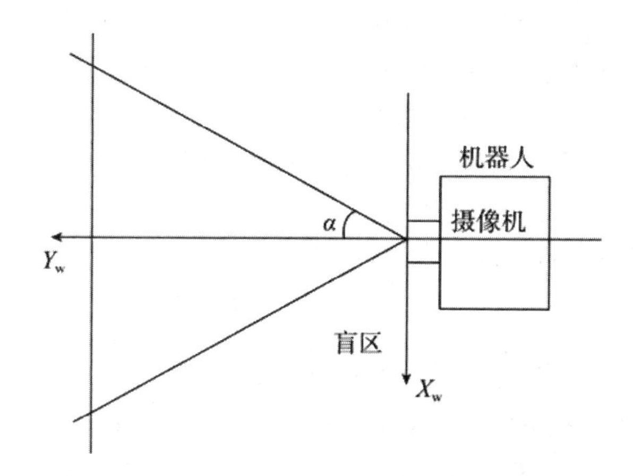

图8-8 水平视场图

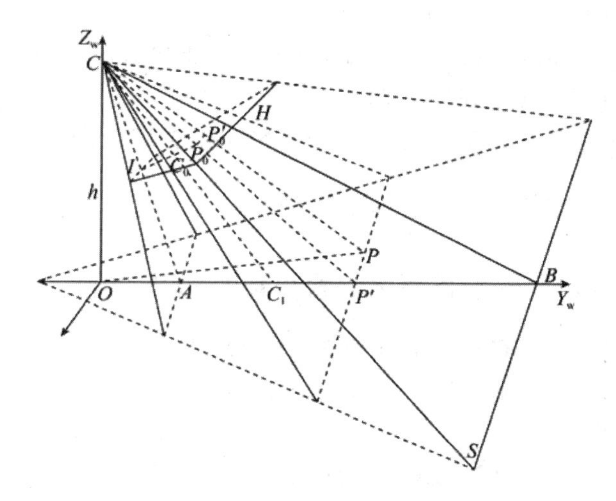

图8-9　成像透视模型图

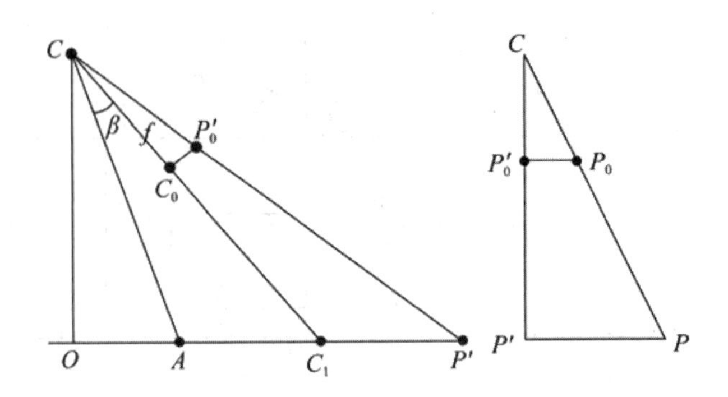

图8-10 垂直剖面图及侧面图

图8-7和图8-8中，β为与视场垂直的角度，α为与视场平行的角度，θ为摄像机俯仰角度，h是摄像机和地面的垂直高度，CC' 指的是光轴。

图8-9中地平面为S，观察摄像机光心投影在地平面的点，可以发现，它是世界坐标系的原点；H为成像平面；P为障碍物和地平面的交点，图8-10是从图8-9中提取出的。

已知世界坐标系中点P和Y（P），我们可以得到：

$$CC_0=f，\angle OC_1C=\theta，OC=h$$

（一）由图形中所呈现的几何关系

在$\triangle CC_0P'$中，$\angle C_1CP'=C_1C_0P_0'=\arctan(P_0'C_0/CC_0)=\arctan(P_0'C_0/f)$

并且$\angle OCC_1=\pi/2-\angle OC_1C=\pi/2-\theta$，

所以，

$$\angle OCP'=\angle OCC_1+\angle C_1CP'=\pi/2-\theta+\arctan(P_0'C_0/f) \tag{8-33}$$

其中$P_0'C_0=y(C_0)-y(P_0')=[u_0-u(P_0')]dy=[u_0-u(P_0)]dy$

又因为在$\triangle OCP'$中，$OP'=OC\tan\angle OCP'$，所以，

$$Y_w(P)=OP'=OC\tan\angle OCP'=h\times\tan[\pi/2-\theta+\arctan(P_0'C_0/f)]$$

$$=h\times\tan\{\pi/2-\theta+\arctan\frac{[v_0-v(p_0)]dy}{f}\} \tag{8-34}$$

（二）定义P在世界坐标系中的横坐标X_w（P）的值

在$\triangle C_0CP'$中，$\angle C_1CP'=\arctan(P_0'C_0/f)$，所以，

$$CP_0'=CC_0/\cos\angle C_0CP'=f/\angle C_0CP_0' \tag{8-35}$$

在$\triangle OCP'$中，$\angle OCP'=\pi/2-\theta+\arctan(P_0'C_0/f)$，因此，

$$CP'=OC/\cos\angle OCP'=h/\angle OCP' \tag{8-36}$$

又因为$P_0'P_0/P'P=CP_0'/CP'$，$P'P=P_0'P\times CP'/CP_0'$

$$X_w(P')-X_w(P)=[x(P_0')-x(P_0)]\times CP'/CP_0' \tag{8-37}$$

所以，

$$0-X_w(P)=[x(P_0')-x(P_0)]\times CP'/CP_0'=[u_0-u(P_0)]\times dx\times CP'/CP_0' \tag{8-38}$$

$$X_w(P)=[u(P_0)-u_0]\times dx\times CP'/CP_0' =[u(P_0)-u_0]\times dx\times h/\cos\angle OCP'\times\cos\angle C_0CP_0'/f \tag{8-39}$$

（三）根据建立的世界坐标，地面P点可知，$Z_w(P)=0$

通过公式（8-31）可以得到目标体在世界坐标系中的准确位置。

（四）障碍物点距离的测量

由图8-21可知，机器人在水平方向上与障碍物直接的距离为：

$$OP=\sqrt{(OP')^2+(P'P)^2}=\sqrt{[Y_W(P)]^2+[X_W(P)]^2} \tag{8-40}$$

在直角三角形△OPC中，CP即为障碍物点与摄像机光心的距离。

根据几何空间约束法，障碍物和摄像头之间距离如表8-1所示。

表8-1　几何约束方法测距

几何约束法测距/cm	真实距离/cm	误差/%
33.398	30	11.3
59.278	60	1.3
88.467	90	1.7
121.156	120	0.9
150.834	150	0.57

从表8-1我们可以知道，使用几何约束法在测距的时候，虽然能够知道障碍物的距离，但是计算过程中有误差，所以实际的测量结果跟真实结果存在误差。

六、视觉与超声传感器的信息融合

（一）自适应加权融合算法

与神经网络智能算法相比，加权融合算法更有优势。它不需要已知的训练样本，所以可以更加快捷地计算出结果。传感器所测得数据一旦确定，那么根据算法的均方差公式，就可以知道最优估计值。传感器结果为一般常数，表示算法的精确度很高。

当n个传感器测量一个目标时，如图8-11所示，由于传感器不同，那么它的加权因子也就不一样。自适应加权融合算法的原理是通过传感器测得的值，找到合适的加权因子使均方误差最小，所以通过自适应方式就可以求出最优的融合解。

设传感器个数为n，则方差是σ_i^2（i=1，2，…，n）；被测物体真实值用x表示，传感器测的值用x_i（i=1，2，…，n）表示，测量值之间彼此相互独立，互不干扰；不同传感器加权因子用ω_i（i=1，2，…，n）表示，那么融合后的值就是：

$$\hat{x} = \sum_{i=1}^{n} \omega_i x_i \tag{8-41}$$

不同加权因子满足：

$$\sum_{i=1}^{n} \omega_i = 1 \tag{8-42}$$

总均方差为：

$$\sigma^2 = E[(x-\hat{x})] = E[\sum_{i=1}^{n} \omega_i^2 (x-x_i)^2 + 2\sum_{i=1, j=i, j\neq i,}^{n} \omega_i \omega_j (x-x_i)(x-x_i)] \tag{8-43}$$

因为x_i（i=1，2，…，n），彼此之间互相独立互不干扰，且为x的无偏估计，由此：

$$\sigma^2 = E|(x-\hat{x})^2| = \sum_{i=1}^{n} \omega_i^2 \sigma^2 \tag{8-44}$$

由式（8-42）可知，总均方差σ^2与各个加权因子有着多元二次函数的关系，所以推断出σ_i^2存在最小值。最小值的获得办法就是加权因子ω_i（i=1，2，…，n）在满足式（8-43）的约束条件时，根据已知的多元函数去求极值。

根据多元函数求极值理论，总均方误差最小的时候所对应的加权因子为：

$$\omega_i^* = 1/\sigma_i^2 \sum_{j=1}^{n} \frac{1}{\sigma_j^2} \quad (i=1, 2, \cdots, n) \tag{8-45}$$

那么，均方误差的最小值为：

$$\sigma_{\min}^2 = 1/\sum_{i=1}^{n} \frac{1}{\sigma_j^2} \quad (i=1, 2, \cdots, n) \tag{8-46}$$

以上我们研究的是在计算过程中，在一个具体时刻，通过传感器的测量值进行最优化求解。

自适应加权融合算法在使用的时候，要保证真实值x有实时的估计，所以设k（k=1，2，…，n）为目前采样时刻，那么融合值就能够表示为：

$$\hat{x}(k) = \sum_{i=1}^{n} \omega(k) x_i(k) \tag{8-47}$$

式中：ω_i（k）是当前采样时刻k第i个传感器的加权系数；x_i（k）为采样时刻k第i个传感器的测得值；$\hat{x}\, k$是采样时刻为k时，传感器的加权融合结果。

通过上述理解，我们可以知道自适应加权融合算法的一般步骤为：

1.计算方差σ_i^2；

2.计算加权因子ω_i（k）；

3.计算融合值$\hat{x}k$。

（二）方差的自适应求解方法

传感器的测量结果根据影响因素的改变而发生变化。

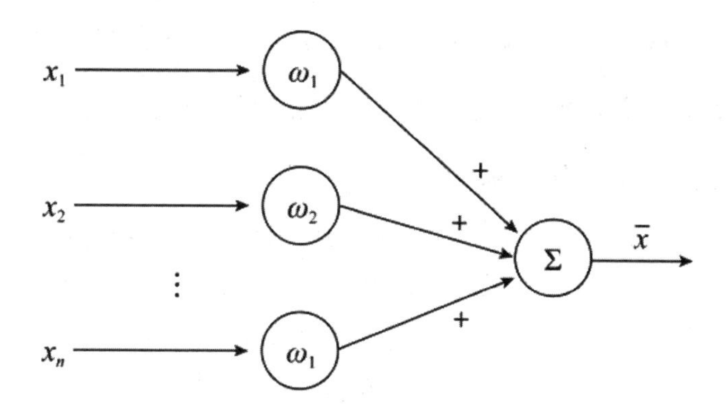

图8-11　加权融合算法示意图

对于某个传感器来说，传感器测量过程中方差是一直存在的。从式（8-44）中我们能够了解到，与最优的加权因子相比，ω_i^*由传感器的方差σ_i^*（i=1，2，…，n）所决定，σ_i^2未知，那么就需要通过传感器的测量值通过计算得到σ_i^2。

将传感器分别命名为i、j，从而测量的结果命名为x_i、x_j，那么误差就可以表述为u_i、u_j，即$x_i=x+u_i$，$x_j=x+u_j$，因此传感器i、j的方差表示为：

$$\sigma_i^2=E[v_i^2]; \quad \sigma_j^2=E[v_j^2] \tag{8-48}$$

由于u_i、u_j不相关，并且它们的均值是零，跟x也是不相关的关系，因此x_i、x_j的互协方差R_{ij}可表示为：

$$R_{ij}=E[x_ix_j]=E[x^2] \tag{8-49}$$

x_i的自协方差R_{ij}表示为：

$$R_{ij}=E[x_ix_j]=E[x^2]+E[v_i^2] \tag{8-50}$$

假如有k个传感器数据，R_{ij}的估计值为R_{ij}（k），R_{ij}的估计值为R_{ij}（k），则：

$$R_{ij}(k)=1/k\sum_{i=1}^{k}x_i(1)x_i(1)=\frac{k-1}{k}R_{ij}(k-1)+\frac{1}{k}x_i(k)x_i(k) \tag{8-51}$$

同理可证，

$$R_{ij}(k)=\frac{k-1}{k}R_{ij}(k-1)+\frac{1}{k}x_i(k)x_i(k) \tag{8-52}$$

将传感器j和传感器i进行相关运算，就可以算出R_{ij}（k）值。对于R_{ij}进行进一步分析，用R_{ij}（k）的均值R_j（k）对它做出相应的估计，即：

$$R_{ij}(k)=R_i(k)=\frac{1}{n-1}\sum_{j=1,j\neq i}^{k}R_{ij}(k) \tag{8-53}$$

因此，k时刻各个传感器的方差能够估计为：

$$\sigma_i^2(k)=R_{ij}(k)-R_i(k)=R_{ij}(k)-\frac{1}{n-1}\sum_{j=1,j\neq i}^{k}R_{ij}(k) \tag{8-54}$$

通过递推公式表示为：

$$\sigma_i^2(k)=\frac{k-1}{k}\sigma_i^2(k-1)+\frac{1}{k}\sigma_i^2(k)\ k=1,2,\cdots\sigma_i^2(k)=0 \tag{8-55}$$

所以，需要对测量值进行合理利用，保证测量的结果更加准确。

（三）融合结果与分析利用

融合结果与分析利用自适应加权融合算法，将Pioneer3-DX移动机器人通过前声呐传感器所采集的距离信息和通过前置摄像头采集的图像，根据已知信息进行计算，再把距离信息优化，融合后的结果如表8-2所示。

表8-2　融合结果

真实值/cm	30	60	90	120	150
$x_1(k)$	33.398	59.278	88.467	121.156	150.834
$x_2(k)$	31.290	60.665	91.834	119.590	149.776
$\sigma_1^2(k)$	70.403	82.219	297.869	189.730	159.582
$\sigma_2^2(k)$	65.960	84.142	309.205	187.278	158.463
$\omega_1(k)$	0.4837	0.5058	0.5093	0.4967	0.4982
$\omega_2(k)$	0.5163	0.4942	0.4907	0.5033	0.5018
xk	30.3096	59.9634	90.1192	119.867	150.303

表8-2中，$x_1(k)$为视觉传感器测出的数据，$x_2(k)$是超声传感器测出的数据，$\sigma_1^2(k)$是视觉传感器的测量方差估计值，$\sigma_2^2(k)$是利用超声传感器测量的方差估计值，$\omega_1(k)$是视觉传感器的加权系数，$\omega_2(k)$是超声传感器的加权系数，xk是自适应加权融合结果。由表8-2可知，自适应加权融合后，发现测量误差有很明显降低的趋势，并且和真实值更加接近，有效地提高了测量精度。

第四节　多传感器数据融合在移动机器人避障中的应用

一、具有障碍物的环境类型

通常机器人运行空间中具有障碍物的环境类型分为以下8种情况，如图8-12所示。

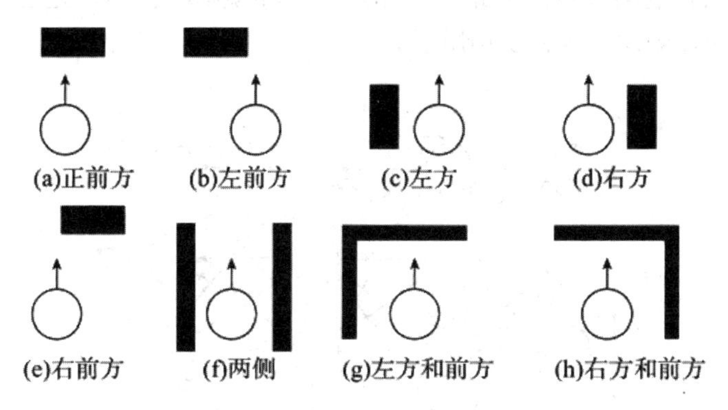

图8-12　移动机器人感知的环境类型

二、传感器在移动机器人上的分布

移动机器人上方放置摄像机，可以准确获得障碍物的三维图像。在移动机器人的前方安装超声波传感器，即摄像机正下方，得到障碍物和移动机器人距离信息，如图8-13所示。

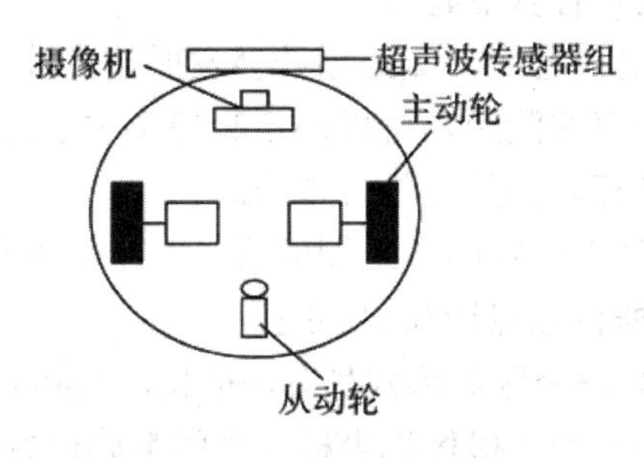

图8-13　多传感器布置图

三、基于神经网络方法的多传感器信息融合

视觉和超声波传感器信息通过神经网络方法进行融合，然后向下一级输出，判断出障碍物的类型，这样使移动机器人在不明确的环境中运动时可以躲避障碍，提

高导航能力。

利用BP前馈神经网络进行科学融合。在前馈网络，每个神经元都会接收到前一级输入，并且自发输出到下一级，没有反馈现象，用一个有向无环图可以表示这种关系。在图中，节点主要可以划分成2类，一个是输入节点，另一个是计算单元。每个计算单元对于输入数量不限制，但输出只能有一个，另外输出可以耦合到任何其他不同节点的输入。前馈网络通常情况能够分为不同的层，但是第i层的输入只能与第i-1层的输出连接，输入节点就是第一层。所以，实际上单层计算单元网络是一个两层网络。输入和输出节点能够跟外界相连，受环境影响很大，把它叫作可见层，其他中间层就叫作隐层，如图8-14所示。

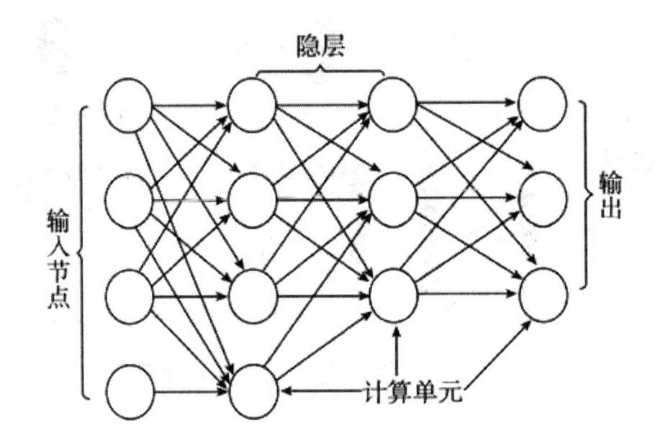

图8-14　前馈神经网络结构示意图

四、障碍物识别过程

障碍物识别的过程主要有以下4步。

（1）机器人在运动的过程中，测距系统会发射超声波，并且2次超声波之间的时间间隔很短。通过对超声波测距，可以确定3×3个关于障碍物的信息，这样就可以判断出从CCD摄像机进行取样是否是合理的。

（2）CCD摄像机得到障碍物的二维图像后，先算出图像形心，然后根据标准，找到8个特征点，最后根据特征点计算边心距。

（3）把二维图像以3×3个区域形式划分，把超声波阵列放置在这些区域，通过以上步骤就能够估计得到它们在摄像机坐标系中的准确位置。然后，去找到8个特征点，再划分区域的相对位置关系，这样就能够很方便地估计出特征点跟摄像机原点间的距离。

（4）把特征点的边心距和距离信息先联系起来，成为一个输入矢量，再把信息输送到神经网络之后融合，这样就能确定障碍物的类型。

五、机器人躲避障碍物主要步骤

（1）机器人运动的时候，测距系统会对环境进行探测，并且每次探测时间相隔很短。根据超声波传感器获得的障碍物的距离信息，可以判断机器人运动的时候是否需要停止或者减速以及是否从CCD摄像机中进行取样。

（2）测距系统探测到障碍物和运动的机器人之间距离适中的时候，就会降低机器人的速度；障碍物与运动的机器人之间的距离为很近的时候，CCD摄像机就可以得到关于障碍物的二维图像，从而提取坐标，获得准确位置。

（3）把超声波传感器和CCD摄像机中的信息进行处理，先把它们分组和预处理，再把这些信息传送到BP神经网络控制器慢慢融合。

（4）预先经过躲避障碍知识学习的BP神经网络控制器，可根据外部传感器采集的信息，做出相应的避障决策，躲避障碍物。

六、仿真实验研究

进行仿真实验时，神经网络主要包括17个输入节点、4个输出节点、16个隐层节点，要识别多种不同的障碍物形状，如球体、立方体、柱体、梯形体。当机器人保持运动时，超声波发射器每隔一个固定的时间段就会发射一次超声波。机器人运动的到规定点时，采样工作开始。在取样工作中，使小车以障碍物为圆心做圆周运动，并且每隔10°取样一次，神经网络通过这些数据进行离线训练。测试时，为了保证系统的有效性，设计了2组测试数据进行验证。仿真实验中涉及的数据集如表8-3所示，避障仿真结果如图8-15所示。实验结果表明，多传感器信息融合能够实现移动机器人的有效避障。

表8-3　障碍物类型

障碍物	训练集	测试集A	测试集B
梯形体	侧边边长=0.3m 上边边长=0.2m 下边边长=0.4m，每10°采集	侧边边长=0.3m 上边边长=02m 下边边长=0.4m，每15°采集	侧边边长=0.4m 上边边长=0.3m 下边边长=0.5m，每20°采集
长方体	长=0.8m宽=0.4m 高=0.6m，每10°采集	长=0.8m宽=0.4m 高=0.6m，每15°采集	长=0.8m宽=0.4m 高=0.6m，每20°采集
圆柱体	高=0.6m 直径=0.2m，每10°采集	高=0.6m 直径=0.2m，每25°采集	高=0.4m 直径=0.2m，每20°采集
球体	直径=0.2m，每10°采集	直径=0.2m，每25°采集	直径=0.3m，每20°采集

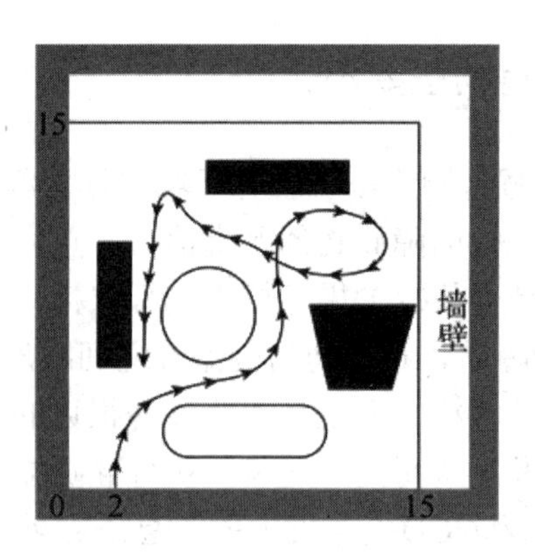

图8-15　机器人避障仿真图

参考文献

[1] 程德福，王君．传感器原理及应用[M]．北京：机械工业出版社，2016．
[2] 俞阿龙，李正．传感器原理及其应用[M]．南京：南京大学出版社，2010．
[3] 谭民．先进机器人控制[M]．北京：高等教育出版社，2007．
[4] 蔡自兴．机器人学[M]．北京：清华大学出版社，2009．
[5] 杨洗陈．激光加工机器人技术及工业应用[J]．中国激光，2009，36（11）：2780-2798．
[6] 张毅．移动机器人技术及其应用[M]．北京：电子工业出版社，2007．
[7] 王耀南．机器人智能控制工程[M]．北京：科学出版社，2004．
[8] 郭彤颖，安冬．机器人学及其智能控制[M]．北京：清华大学出版社，2014．
[9] 朱世强．机器人技术及其应用[M]．杭州：浙江大学出版社，2000．
[10] 郭洪红．工业机器人技术[M]．西安：西安电子科技大学出版社，2006．
[11] 日本机器人学会．新版机器人技术手册[M]．北京：科学出版社，2008．
[12] 刘君华．智能传感器系统[M]．西安：西安电子科技大学出版社，2010．
[13] 敖志刚．智能家庭网络及其控制技术[M]．北京：人民邮电出版社，2011．
[14] 罗志增，蒋静坪．机器人感觉与多信息融合[M]．北京：机械工业出版社，2002．
[15] 董永贵．传感技术与系统[M]．北京：清华大学出版社，2006．
[16] 杨万海．多传感器数据融合及其应用[M]．西安：西安电子科技大学出版社，2004．
[17] 何金田，成连庆．传感器技术（上册）[M]．哈尔滨：哈尔滨工业大学出版社，2005．
[18] 徐甲强，张全法．传感器技术（下册）[M]．哈尔滨：哈尔滨工业大学出版社，2005．
[19] 张少军．无线传感器网络技术及应用[M]．北京：中国电力出版社，2009．
[20] 陈建元．传感器技术[M]．北京：机械工业出版社，2008．
[21] 郭彤颖．机器人系统设计及应用[M]．北京：化学工业出版社，2016．
[22] 司兴涛．多传感器信息融合技术及其在移动机器人方面的应用[D]．淄博：山东理工大学，2009．
[23] 沙占友．集成化智能传感器原理与应用[M]．北京：电子工业出版社，2004．
[24] 大熊繁．机器人控制[M]．北京：科学出版社，2002．
[25] 白井良明．机器人工程[M]．北京：科学出版社，2001．
[26] 高国富．机器人传感器及其应用[M]．北京：化学工业出版社，2004．
[27] 柳洪义，宋伟刚．机器人技术基础[M]．北京：冶金工业出版社，2002．
[28] Saeed B. Niku．机器人学导论[M]．北京：电子工业出版社，2004．
[29] John J. Craig．机器人学导论[M]．北京：机械工业出版社，2005．

[30] 殷际英．关节型机器人[M]．北京：化学工业出版社，2003.
[31] 蒋新松．机器人与工业自动化[M]．石家庄：河北教育出版社，2003.
[32] 王东署．工业机器人技术与应用[M]．北京：中国电力出版社，2016.
[33] 杨汝清．智能控制工程[M]．上海：上海交通大学出版社，2000.
[34] 肖南峰．工业机器人[M]．北京：机械工业出版社，2011.
[35] 陈黄祥．智能机器人[M]．北京：化学工业出版社，2012.
[36] 陈家赢．对地观测传感器信息资源建模和管理研究[D]．武汉：武汉大学，2010.
[37] 彭晖．分子印迹体声波仿生传感器的研制及蛋白质与抗癌药物作用的研究[D]．湖南大学，2001.
[38] 刘礼．无线传感器网络节能问题及相关的图论问题[D]．兰州：兰州大学，2008.
[39] 黄建．无线传感器网络节点认证与安全检测研究[D]．合肥：中国科学技术大学，2012.
[40] 龙慧．无线传感器网络分布式目标跟踪问题研究[D]．长沙：中南大学，2013.
[41] 李晓霞．凝血酶和可卡因电化学适体传感器的研究[D]．西安：陕西师范大学，2008.
[42] 田守勤．传感器表面纳米敏感材料微结构的调控及其气敏性能研究[D]．武汉：华中科技大学，2013.
[43] 刘苏敏．无线传感器网络节点管理技术研究[D]．武汉：武汉理工大学，2010.
[44] 张荣．传感器网格系统原型研究及其在水利信息系统中的应用[D]．武汉：武汉大学，2010.
[45] 徐惠．基于厚膜技术的血液生物化学传感器的研究[D]．杭州：浙江大学，2010.